Japan's (Primary) Hironaka Heisuke Cup Maths Competition Test Questions and Answers from the First to the Last (Volume 1)

日本历届(初级)广中杯数学竞赛试题及解答

第1卷

(2000～2007)

● 甘志国 编著

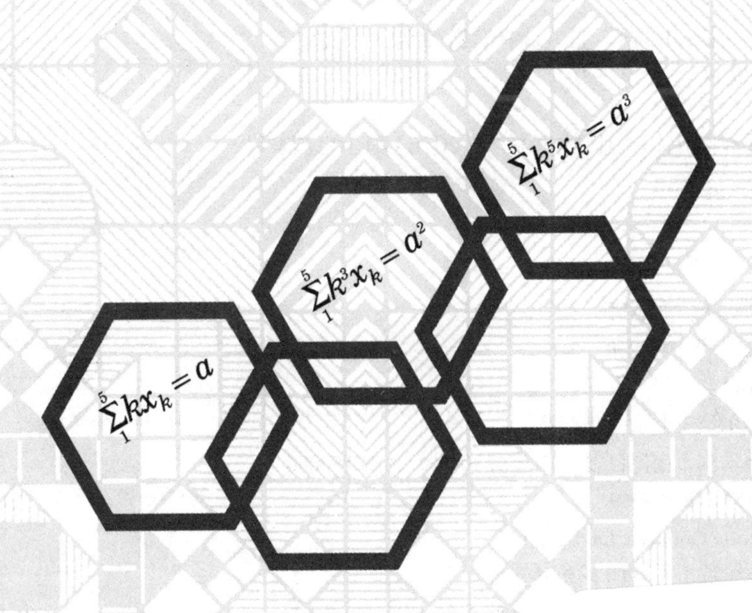

哈爾濱工業大學出版社
HARBIN INSTITUTE OF TECHNOLOGY PRESS

内 容 简 介

日本广中杯数学竞赛(包括预赛和决赛,自2000年开始,每年一届)及日本初级广中杯数学竞赛(包括预赛和决赛,自2004年开始,每年一届)都是日本较高级别的初中数学竞赛,难度很大(即使对高中生来说,难度也不小).

本书汇集了第1届至第8届(2000~2007年)日本广中杯数学竞赛试题及解答和第1届至第4届(2004~2007年)日本初级广中杯数学竞赛试题及解答,解答过程均由作者给出,力求详尽.

本书适合于初中生、高中生备战各类数学竞赛时使用,也可供广大数学爱好者选用.

图书在版编目(CIP)数据

日本历届(初级)广中杯数学竞赛试题及解答. 第1卷,2000~2007/甘志国编著. —哈尔滨:哈尔滨工业大学出版社,2016.5

ISBN 978-7-5603-6016-4

Ⅰ.①日… Ⅱ.①甘… Ⅲ.①中学数学课-题解
Ⅳ.①G634.605

中国版本图书馆CIP数据核字(2016)第102774号

策划编辑 刘培杰 张永芹
责任编辑 张永芹 刘春雷
封面设计 孙茵艾
出版发行 哈尔滨工业大学出版社
社 址 哈尔滨市南岗区复华四道街10号 邮编150006
传 真 0451-86414749
网 址 http://hitpress.hit.edu.cn
印 刷 哈尔滨市石桥印务有限公司
开 本 787mm×1092mm 1/16 印张9.5 字数150千字
版 次 2016年5月第1版 2016年5月第1次印刷
书 号 ISBN 978-7-5603-6016-4
定 价 28.00元

目 录 ▍Contest

日本第 1 届广中杯预赛试题(2000 年)

Ⅰ. 如图 1 所示,在$\triangle ABC$中,点 D,E 是$\angle B$和$\angle C$对应的三等分线的两个交点. 当$\angle A=60°$时,请求出$\angle BDE$的度数.

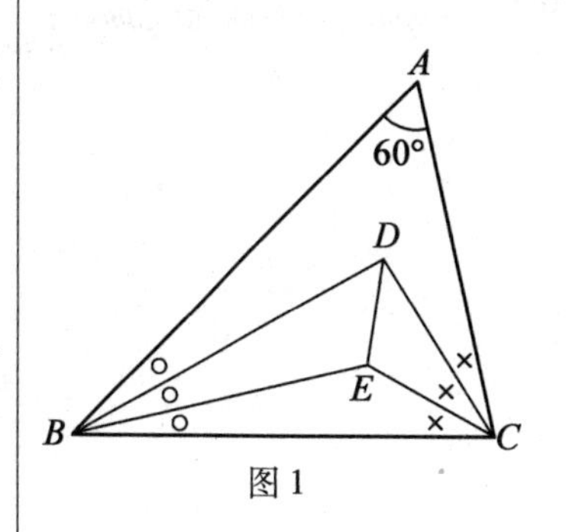

图 1

Ⅱ. 记 $M=\frac{1}{1+\sqrt{2}}+\frac{1}{\sqrt{2}+\sqrt{3}}+\frac{1}{\sqrt{3}+\sqrt{4}}+\cdots+\frac{1}{\sqrt{1\ 999}+\sqrt{2\ 000}}$,$N=1-2+3-4+5-6+\cdots+1\ 999-2\ 000$. 请求出$\frac{N}{(M+1)^2}$的值.

Ⅲ. 平太在黑板上依次写出了从 1 到 n 的自然数. 大郎从中擦去一个数,平太计算剩余的$(n-1)$个数的平均数,结果为$\frac{590}{17}$. 请求出大郎擦去的那个数.

Ⅳ. 在如图 2 所示的 3×3 的方格表中填入 9 个不同的自然数,使得每行、每列、每条对角线的 3 个数的乘积都相等,形成一个"乘法幻方".

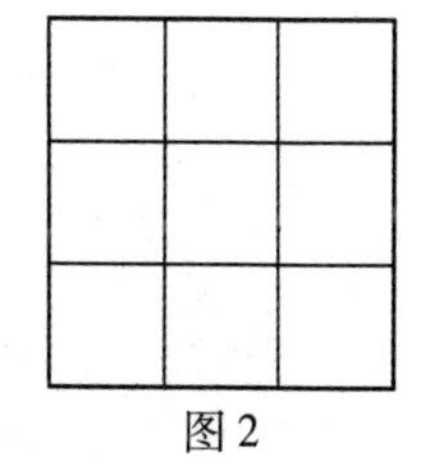
图 2

在所有这样的"乘法幻方"中,请将使得这个相等的乘积最小的 9 个数填入方格中.

Ⅴ. 把 2^4 的计算结果的位数与 5^4 的计算结果的位数之和记作 $2^4\blacklozenge 5^4$:因为 $2^4=16$,$5^4=625$,所以 $2^4\blacklozenge 5^4=2+3=5$. 根据此定义,请求出 $2^{2\ 000}\blacklozenge 5^{2\ 000}$的值.

注 本题应添加条件 $\lg 2=0.301\ 0\cdots$.

Ⅵ. 将一些棱长为 1 cm 的小正方体粘成一个棱长为 n cm 的大正方体,其体积是四位数(单位为 cm^3).

把其最外一层的小正方体全部拿走,用这些拿走的小正方体恰好可以组成一个长方体,其长、宽、高是互不相同的质数.

继续反复进行"把其最外一层的小正方体全部拿走"的操作,发现第三次拿走的所有小正方体恰好也可以组成一个长方体,其长、宽、高是互不相同的质数.

请求出原来的大正方体的棱长 n 的所有可能取值.

Ⅶ. 有很多边长为 1 cm 的正三角形和正方形,用它们组成一个没有空隙的尽可能小的凸 11 边形(也就是没有任何一个角是凹进去的 11 边形),请回答下面的问题:

(i)请求出该凸11边形的周长;

(ii)请求出组成该凸11边形的正三角形和正方形的数目.

Ⅷ.如图3所示,在四边形 $ABCD$ 的四条边上分别选取点 E, F, G, H,使得 $\frac{AE}{BE}=\frac{CF}{BF}=\frac{CG}{DG}=\frac{AH}{DH}$.请证明:$S_{四边形KLMN}=S_{\triangle AEK}+S_{\triangle BFL}+S_{\triangle CGM}+S_{\triangle DHN}$.

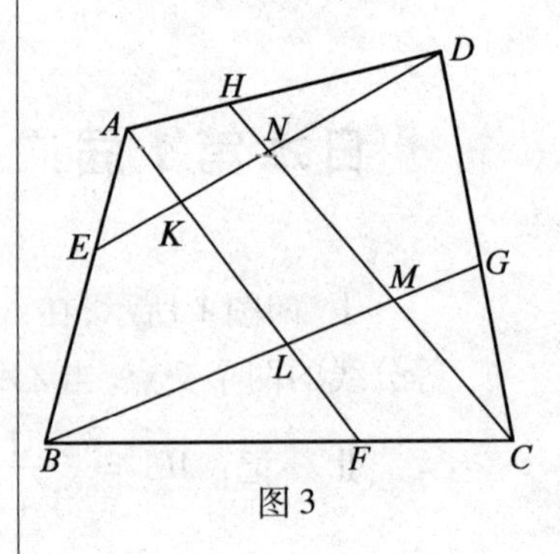

图3

日本第 1 届广中杯决赛试题(2000 年)

Ⅰ. 当直线 $(3a+2)x-(a-1)y-1=0$ 不通过第二象限(即坐标平面上 $x<0, y>0$ 的部分)时,请求出 a 的取值范围.

Ⅱ. 用 $|a|$ 表示 a 的绝对值:当 $a\geqslant 0$ 时,$|a|=a$;当 $a<0$ 时,$|a|=-a$. 请求出方程 $|2|2|2x-1|-1|-1|=x^2$ 在 $0<x<1$ 的范围内解的个数.

Ⅲ. 请证明下面的等式成立

$$1^2+2^2+3^2+\cdots+1\ 998^2+1\ 999^2+2\ 000^2$$
$$=2\ 000\times 1+1\ 999\times 3+1\ 998\times 5+\cdots+3\times 3\ 995+2\times 3\ 997+1\times 3\ 999$$

证明不需要非常严密,除了用算式推导外,还可以用图.

Ⅳ. 如图 1 所示,有一块边长为 15 的正六边形木板和足够多的半径为 1 的圆形木板. 把正六边形木板放在桌子上,并按照下列规则在它周围放上一些圆形木板:

(1) 木板之间不能重叠;

(2) 每块圆形木板都必须和正六边形木板接触于一点(可以是正六边形的顶点);

(3) 相邻的两块圆形木板可以接触也可以不接触.

请问此时最多可以放多少块圆形木板?

Ⅴ. 如图 2 所示,一些大小各不相同的正方体堆成塔状. 上面的正方体的底面的各个顶点分别在下面的正方体的上表面的各边的中点处.

按照这样的方式,当正方体的个数增加时,塔的总表面积(不包括最底层正方体下底面的面积)趋近于某个数. 已知最下层那个正方体的棱长为 1,请求出趋近的那个数(已知它是一个整数).

Ⅵ. 如图 3 所示,$\triangle OBC$ 和 $\triangle ODA$ 是正三角形,$AD /\!/ BC$. 在线段 OA, OB, CD 上分别取点 S, P, Q,使得 $\frac{SA}{OS}=\frac{PO}{BP}=\frac{QD}{CQ}$. 请证明:$\triangle PQS$ 为正三角形.

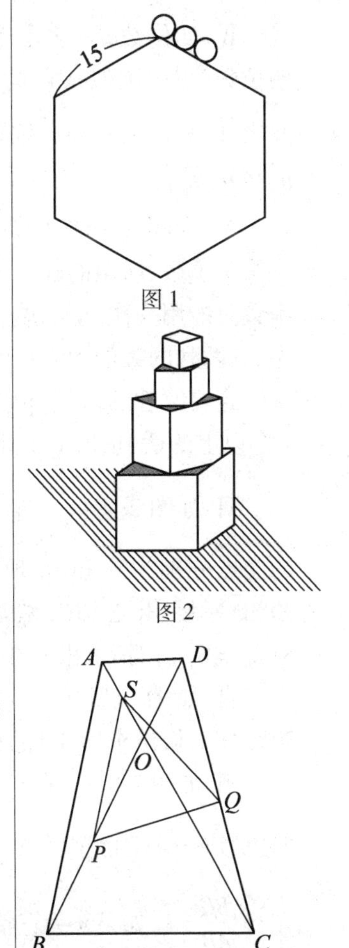

图 1

图 2

图 3

日本第2届广中杯预赛试题(2001年)

Ⅰ. 请比较(a)～(d)四个数的大小,按照从小到大的顺序,写出相应的字母 (　　)

(a)2^{55}　　(b)3^{44}　　(c)4^{33}　　(d)5^{22}

Ⅱ. 请计算下面的表达式的值

$$\sqrt{2\,001\sqrt{2\,000\sqrt{1\,999\sqrt{1\,998\sqrt{1\,997\sqrt{1\,996\sqrt{1\,995\sqrt{1\,994\times1\,992+1}+1}+1}+1}+1}+1}+1}+1}$$

Ⅲ. 用$[x]$表示不超过x的最大整数,请求出下面的表达式的值

$$\left[\frac{13\times1}{2\,001}\right]+\left[\frac{13\times2}{2\,001}\right]+\left[\frac{13\times3}{2\,001}\right]+\cdots+\left[\frac{13\times2\,000}{2\,001}\right]$$

Ⅳ. 四位数$\overline{abcd}$表示千位为a,百位为b,十位为c,个位为d的四位数(以下类似),它是一个完全平方数(即自然数的平方). 除此之外,一位数a和三位数$\overline{bcd}$也都是完全平方数. 请求出原来的四位数$\overline{abcd}$.

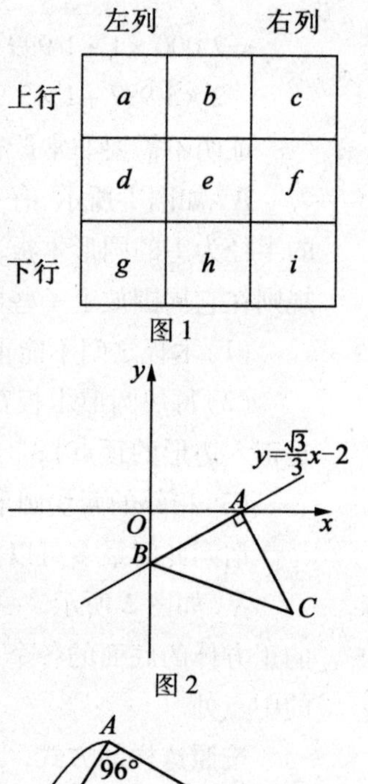

图1

图2

Ⅴ. 太郎和一郎做游戏,两人轮流在图1的3×3网格中任意一格内填数,所填的数只能是1,3,4,5,6,7,8,9,10这9个数. 每个数只能用一次. 全部填完后,上、下两行的数的和为太郎的得分,左、右两列的数的和为一郎的得分,得分高的人获胜. 太郎先填,如果一定要取胜的话,最初要在哪一方格中填哪个数? 如果答案有1个以上的话,填出1个即可.

Ⅵ. 如图2所示,记直线$y=\frac{\sqrt{3}}{3}x-2y=\frac{\sqrt{3}}{3}x-2$与$x$轴和$y$轴的交点分别为$A$和$B$. 现在,在第四象限及其边界上作$\angle BAC=90°$的等腰Rt$\triangle ABC$,然后在第三象限内取点$P(t,-1)$使得$S_{\triangle ABP}=S_{\triangle ABC}$,请求出$t$的值.

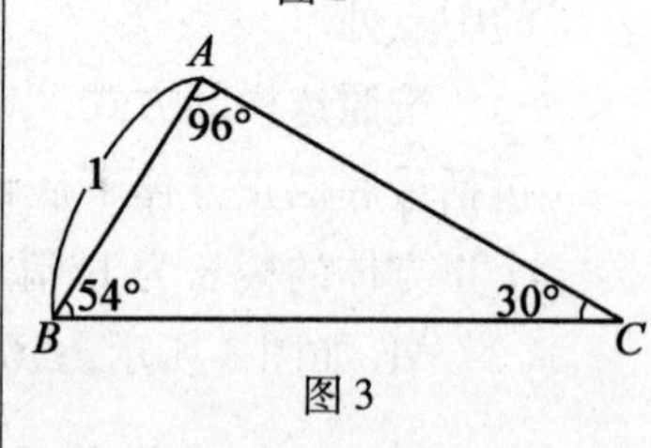

图3

Ⅶ. 如图3所示,在$\triangle ABC$中,$\angle A=96°$,$\angle B=54°$,$\angle C=30°$,$AB=1$,请求出AC的长度.

Ⅷ. 如图4所示,在长方形$ABCD$中,$DE=BG$,$\angle BEC=90°$. 记四边形$EFGH$的面积为S_1,长方形$ABCD$的面积为S_2,有$\frac{S_2}{S_1}=n$. 现在,记$\frac{BC}{AB}=k$. 如果n为正整数,且k为有理数,请证明k为正整数.

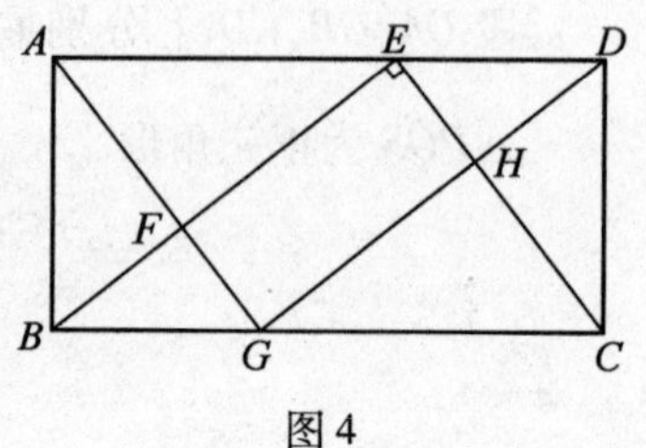

图4

日本第2届广中杯决赛试题(2001年)

Ⅰ. 当 $x\neq 0$ 时,请求出 $\dfrac{\sqrt{1+x^2+x^4}-\sqrt{1+x^4}}{x}$ 的最大值.

Ⅱ. 请解下面的方程组

$$\begin{cases}\dfrac{1}{x}+\dfrac{1}{y+z}=\dfrac{1}{4} & (1)\\ \dfrac{1}{y}+\dfrac{1}{z+x}=\dfrac{1}{5} & (2)\\ \dfrac{1}{z}+\dfrac{1}{x+y}=\dfrac{1}{6} & (3)\end{cases}$$

Ⅲ. 请证明下面的等式成立

$$2(1+2+\cdots+n)^4=(1^5+2^5+\cdots+n^5)+(1^7+2^7+\cdots+n^7)$$

Ⅳ. 如图1所示,在 $\triangle ABC$ 中,$AB=AC$,$AD\perp BC$,$AD=5$,$MD=1$,$\angle BMC=3\angle BAC$. 请求出 $\triangle ABC$ 的周长. 如果需要的话,可以使用下面的勾股定理:

如图2所示,在 $\triangle PQR$ 中,$\angle QRP=90^\circ$,$QR=a$,$RP=b$,$PQ=c$,则有 $a^2+b^2=c^2$.

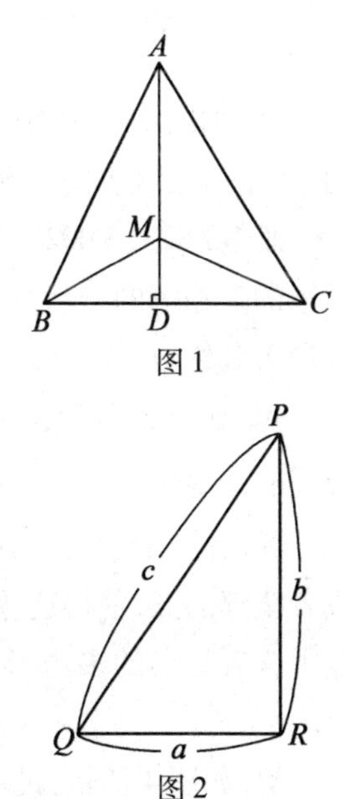

图1

图2

Ⅴ. 如图3所示,在半径为2的圆盘 O' 上,有一个定点 P,它与圆心 O' 的距离为1,圆盘 O' 与半径为4的圆 O 内切,并绕着它无滑动地转动,请求出点 P 的运动轨迹所围成的图形的面积.

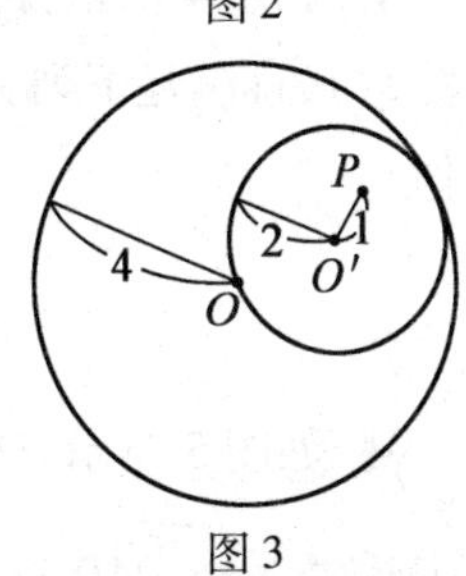

图3

Ⅵ. 在长方体 $ABCD-EFGH$ 中,长 $AB=a$,宽 $BC=b$,高 $CG=c$ $(a>b>c)$. 将其沿平面切成两部分,且切面包含对角线 DF. 设切面的面积为 S,请用 a,b,c 来表示 S 的最小值.

日本第3届广中杯预赛试题(2002年)

Ⅰ.图1是2002年7月的日历.太郎在这个月里每周要去参加一次足球比赛,共去5次.其中去1次的是星期一、星期六、星期日,去2次的是星期三.请问太郎参加比赛的日期的和是多少?

7月

日	一	二	三	四	五	六	
	1	2	3	4	5	6	第1周
7	8	9	10	11	12	13	第2周
14	15	16	17	18	19	20	第3周
21	22	23	24	25	26	27	第4周
28	29	30	31				第5周

图1

Ⅱ.如图2所示,在每个空格中填入一个整数,使得每行、每列、每条对角线上的三个整数之和都相等,形成3阶幻方.

Ⅲ.像525,2 002,97 479这样,把个位数字的顺序颠倒之后和原来的数相等的自然数称为"回文数".请求出所有10位回文数的最大公约数.

Ⅳ.如图3所示,$\angle ABC=\angle CDA=90°$,$DA=DC$,$S_{四边形ABCD}=12\text{ cm}^2$,请求出顶点$D$到边$BC$的距离.

Ⅴ.在一个圆周上有2 002个黑点和1个红点,从中选取部分或者全部的点,使得这些点能够用线段依次连成多边形.请求出顶点中含有红点的多边形与顶点中只含有黑点的多边形的数目之差.

Ⅵ.如图4所示,设一个长方体的长、宽、高分别为x,y,z(都是自然数),且满足下列关系式.请求出该长方体的体积的所有可能取值

$$\begin{cases}xz=yz+2 & (1)\\ xy=xz+yz+2 & (2)\end{cases}$$

Ⅶ.如图5所示,四边形$ABCD$的对角线的交点为O,且有下列关系成立:$\angle BAD+\angle ACD=180°$;$AB=6$,$AC=8$,$AD=10$;$\frac{OD}{BO}=$

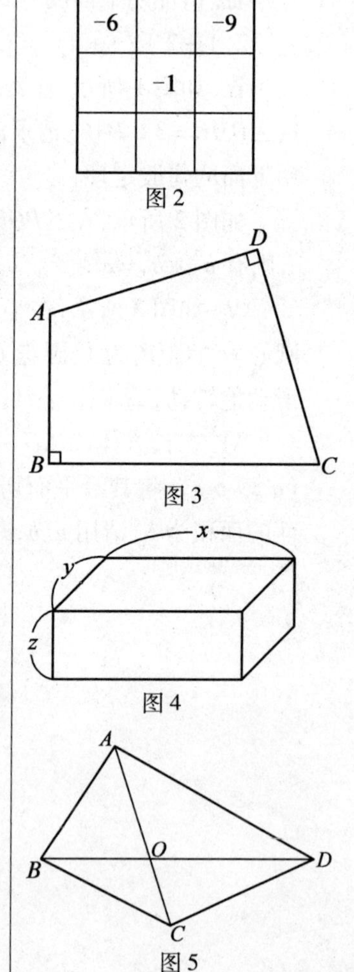

$\frac{7}{6}$. 请求出 CD 的长度.(图5不一定准确)

Ⅷ. a,b,c 都是实数(数轴上实际存在的数),未知数 x 和 y 满足 $x+y=c$. 此时,请用 a,b,c 来表示 $\sqrt{x^2+a^2}+\sqrt{y^2+b^2}$ 的最小值.

另外,如果有必要的话,可以使用绝对值符号"| |"(例如 a 的绝对值为 $|a|$);在图6中的直角三角形中,$p^2+q^2=r^2$(勾股定理)也可以使用.

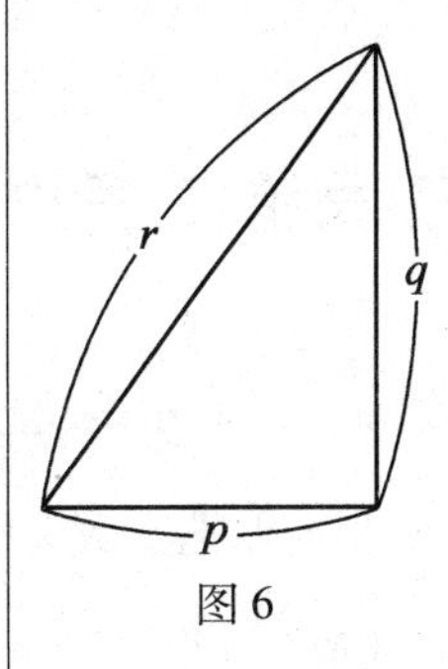

图6

日本第3届广中杯决赛试题(2002年)

Ⅰ. 记$[x]$表示不超过x的最大整数,例如$[2.5]=2$,$[0.2]=0$. 请问:当x取遍1到2 002的整数时,$f(x)=\left[\frac{x^2}{20}\right]$可以取到多少种不同的值?

Ⅱ. 在正m边形里面画一个小的正n边形,用一些不相交的线段联结它们的顶点,得到的三角形总数记为$f(m,n)$.

例如,根据图1,有$f(5,4)=11$.

请求出$f(2\ 002,7)$的值.

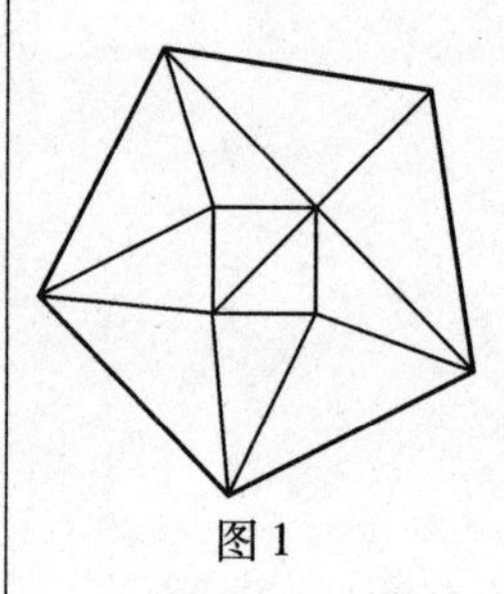
图1

Ⅲ. 皮特和太郎玩"四子连珠"游戏. 棋盘是6×6的方格,皮特持黑棋,太郎持白棋. 皮特最初同时摆放了若干颗黑棋,然后太郎按自己喜欢的方式摆. 皮特的目的是,不管太郎怎样摆都不让他摆成"四子连珠",也就是4颗白棋不能连在一起(横、竖、斜). 请问:

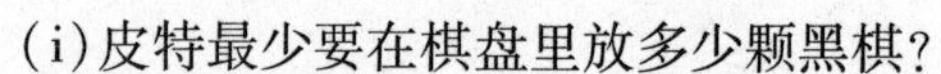
(i)皮特最少要在棋盘里放多少颗黑棋?

(ii)在满足(i)的条件的所有摆放方法中,请你找出黑棋自己摆成"四子连珠"的摆放方法. 答案不只一种,但是如果答案中的图经过翻转或旋转能够使得全部的黑棋重合的话,只能算是同一种答案.

Ⅳ. 在$\triangle ABC$中,$AB=48$,$BC=35$,$CA=27$. 请求出$\angle B$与$\angle C$的大小的比值,并写出思考过程.

Ⅴ. 设关于x的一元二次方程$ax^2+bx+c=0(a\neq 0)$的两个根分别为p和q.

(i)请用a,b,c表示$p+q$;

(ii)请用a,b,c表示p^2+q^2;

(iii)请用a,b,c表示p^3+q^3.

Ⅵ. 如图2所示,四边形$ABCD$,$EFGH$均为正方形,且它们所在的平面平行,距离为2. 侧面$AEFB$,$BFGC$,$CGHD$,$DHEA$都是等腰梯形.

若$AB=x$,$EF=10$,请求出梯形$AEFB$的面积S(用含有x的表达式来表示).

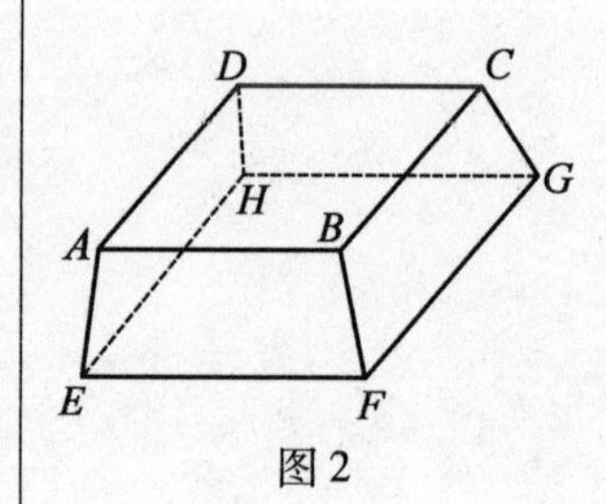

图2

Ⅶ.请求出满足

$$\begin{cases}\dfrac{1}{a}+\dfrac{1}{b}+\dfrac{1}{c}=\dfrac{3}{4} & (1)\\ a\leqslant b\leqslant c & (2)\end{cases}$$

的所有正整数组(a,b,c).

(i)请求出a可能取到的所有值,并写出思考过程;

(ii)请求出满足原式的所有正整数组(a,b,c).

Ⅷ.如图3所示,在菱形$ABCD$的边BC的延长线上取点E,AE分别与CD和BD交于点F和G.现在,有$\angle BGA:\angle BAG=1:2$,$EF=21$,$FG=4$.请求出菱形$ABCD$的边长.(图3不一定准确)

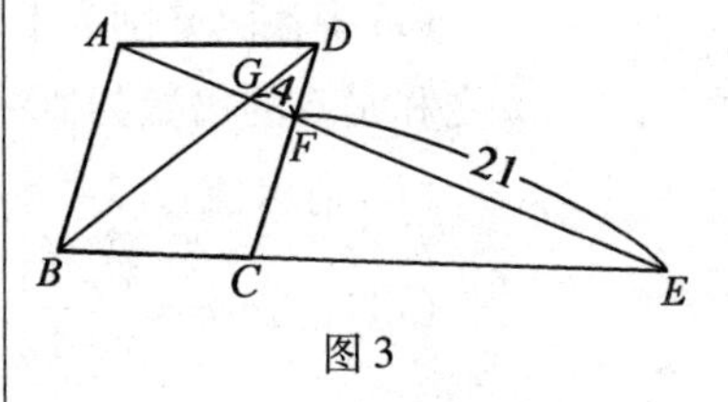

图3

日本第4届广中杯预赛试题(2003年)

Ⅰ.只写出答案即可.

(i)将各面分别为1~6的骰子掷两次,请求出两次掷出的点数之和是6的倍数的概率.

(ii)请求值:$3.14^2+4.36^2-11.5^2+3.14\times8.72$.

(iii)已知$\pi=\frac{x-15}{y-12}=\frac{y+2\ 003}{x+2\ 000}$,请求出$x+y$的值.其中$\pi$(=3.141 5…)为圆周率.

(iv)如图1所示,一个凸多面体的展开图由正方形和等腰三角形组成,请求出该多面体的体积.其中正方形的边长为2,等腰三角形的腰长为$\sqrt{3}$.

(v)如图2所示,请求出四边形$ABCD$的面积.其中,扇形的半径为6,圆心角为90°.

Ⅱ.只写出答案即可.

(i)如图3所示,圆和正△ABC重叠在一起.

已知$AP=AS=7$,$QR=5$,请求出正三角形的边长.

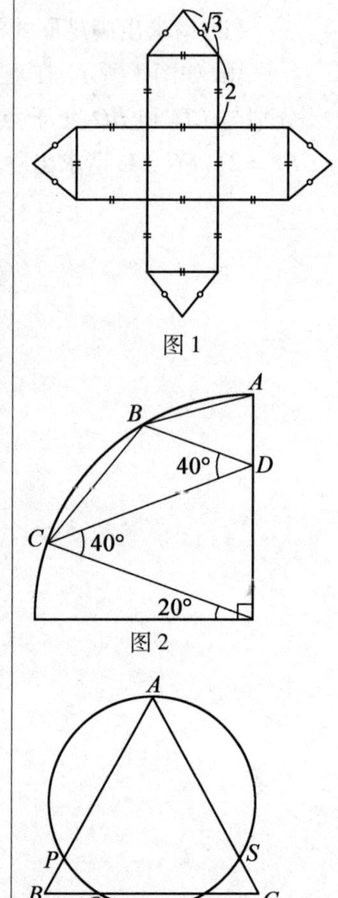

图1
图2
图3

(ii)某城镇有6支棒球队互相进行比赛.这6支球队分别称为A队、B队、C队、D队、E队、F队.

在一年期间,各队的比赛成绩如下(没有平局):

A队:60胜29败;

B队:42胜30败;

C队:10胜10败;

D队:28胜37败;

E队:3胜4败.

请问:在这一年里,F队至少进行过多少场比赛?

说明:以上成绩仅限于这6支球队之间的比赛,不包括与A~F以外的球队的比赛.

(iii)"某国"使用的货币和日本相同,都是日元.增值税率也是5%,但和日本不同的是,计算增值税后的金额如果不满1日元,不是舍去不计,而是四舍五入.

例如:在日本购买110日元的物品,增加5%的增值税后为115.5日元,小数点后的部分舍去后为115日元,所以附加增值税后需要支付115日元.而在“某国”,小数点后的部分四舍五入之后为116日元,所以附加增值税后需要支付116日元.

在2 003的倍数的金额(日元)中,有一些是不能等于在“某国”附加增值税后所需要支付的金额的,请求出这样的金额中的最小值.

(iv)当n为正整数时,$n!$表示1至n的所有正整数的乘积,例如$5!=5\times4\times3\times2\times1=120$.若$(n+2)!-n!$能被$11^6$整除,请求出$n$的最小值.

Ⅲ.请回答下面的问题,并写出思考过程.

(i)(ii)(iii)的题目都比较难,这3道题都能解出来当然好,若只会做1道题也没有关系.判分时会选取其中解答得最好的部分给分.如果解答得精彩,哪怕只是1道题,也给满分.

(i)很久以前,神灵赐给太郎一座“魔法粮仓”.在里面放入大米后,每个月神灵都会使其增加到一定的倍数.到底增加多少倍,则取决于神灵的心情.太郎根据长年的经验,得出了以下结论:“神灵的心情在每年的同一个月是相同的”.例如,在某一年的1月大米增加到3倍,2月增加到2倍,那么其后一年以及前一年也是1月增加到3倍,2月增加到2倍(此时,如果1月1日放入1粒米,那么到3月1日,就有$1\times3\times2=6$粒米).太郎从2001年开始,除了1月以外,每月1日往粮仓中放入1 kg大米.2001年1月,粮仓中有10 kg大米;2002年1月,粮仓中有90 kg大米;今年(2003年)1月,粮仓中有570 kg大米.那么,来年(2004年)1月,粮仓中有多少千克大米?(太郎从2001年1月起就没有从粮仓中取出过粮食)

(ii)在四边形$ABCD$中,$AB=4$,$BC=6$,$CD=5$,$DA=3$;记对角线AC和BD的中点分别为M和N,有$MN=\frac{3}{2}$.请求出四边形$ABCD$的面积.(请写出思考过程并附图)

(iii)将$3\times2n$的长方形用1×2的骨牌恰好完全覆盖的方法数记为x_n.

①请求出x_3的值(写出答案即可);

②请证明x_n一定是奇数;

③请证明$x_{12}>120^3$.

日本第4届广中杯决赛试题(2003年)

Ⅰ. 有很多写有数字0~9的卡片([0],[1],…,[9])和写有+(加号)的卡片([+]).

(i)用[1],[2],[3],[4],[5]共5张卡片,适当地排成一行,组成一个五位数. 例如,如果5张卡片就按照这个顺序从左到右排列,组成的五位数就是12 345.

①这样可以组成的整数有很多,请求出它们的平均数;

②请求出这样的整数除以11所得的余数(0,1,2,…,10)中的全部可能.

(ii)为了表示1+2+…+100,需要使用的(并排在一起)卡片是[1][+][2][+]…[+][2][9][+][3][0][+][3][1][+]…[+][1][0][0].

①请问一共需要使用多少张卡片?

②若拿走一张[+]的卡片,并把两边的卡片紧靠,计算结果为1 000. 请问:拿走的是哪两个整数之间的[+]?(例如:如果拿走的是“29和30之间的[+]”,算式就变成了1+2+3+…+28+2 930+31+32+…+100.)

Ⅱ. 下列问题只需写出答案.

(i)请求出45的正约数之和.

(ii)请求出450的正约数中,是完全平方数的那些数之和?(完全平方数是指整数与其自身相乘后得到的数. 例如:1,4,9,16等.)

(iii)若 m 的正约数中,是完全平方数的那些数之和是15的倍数(*),请找到这样的一个不超过2 003的正整数 m.

(iv)请求出满足条件(*)的最小正奇数 n.

Ⅲ. (除了需要写出思考过程外,还需要画出相应的图形.)

(i)如图1所示,在凸四边形 $ABCD$ 中,$AC=AD$,$DB=DC$,$\angle BDC=36°$,$\angle ADB=30°$,$\angle ACB=6°$. 请求出 $\angle BAC$ 的度数.

(ii)如图2所示,在 $\triangle ABC$ 中取一点 D,使得 $\angle DBA=30°$,$\angle DBC=42°$,$\angle DCA=18°$,$\angle DCB=54°$. 请求出 $\angle BAD$ 的度数.

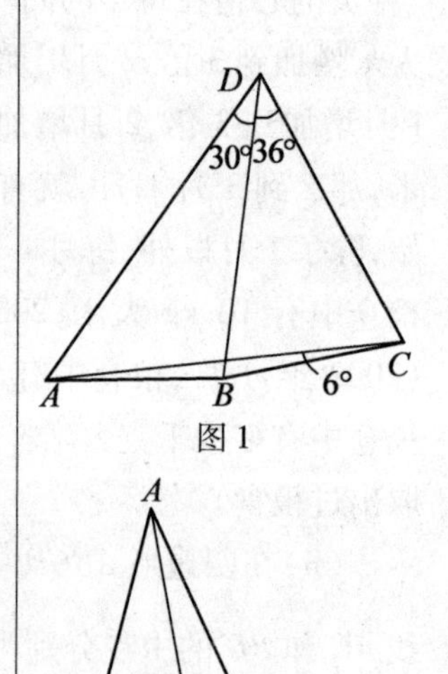

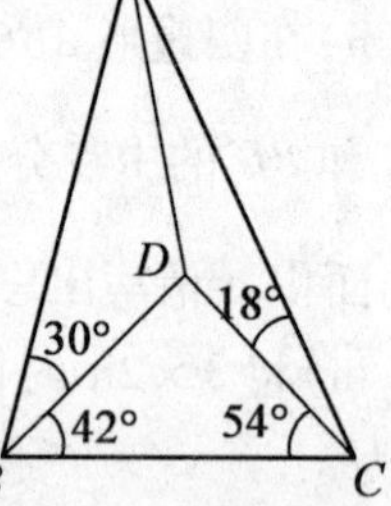

图1

图2

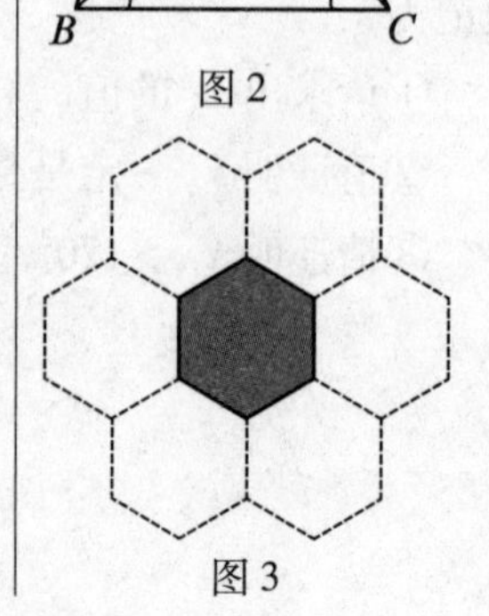
图3

Ⅳ. (i)如图3所示,边长为1的正六边形的每边外各连接一个边长为1的正六边形,而在外面一圈的正六边形中,相邻的两个有公共边.

边长为 1 的正 m 边形的每边外各连接一个边长为 1 的正 n 边形,而在外面一圈的正 n 边形中,相邻的两个有公共边. 请求出所有满足题意的 m 和 n.

例如,(m,n) 可以为 $(6,6)$. 请求出除了 $(6,6)$ 以外的所有 (m,n).

(ii)有三个等腰三角形(等腰三角形的意义及相应概念见图 4)P,Q,R:

P:底边长为 2,顶角为 $36°$;

Q:腰长为 2,顶角为 $36°$;

R:底边长为 2,顶角为 $72°$.

记 P,Q,R 的面积分别为 p,q,r,请证明:$(2p-q):(p+q+5r)=r:p$.

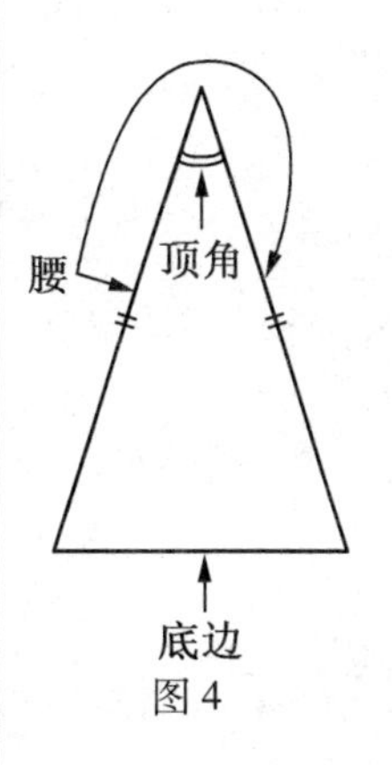

图 4

Ⅴ.(i)6 位男士和 6 位女士参加了一场晚会,之后合影留念. 摄影师对照片的要求比较多,为了能够拍清楚,要求如下:"所有人站成一横排,任何一位女士的左边都至少要有一位比她高的男士."

如图 5 所示,把这 12 个人按身高从高到低排序,恰好是男 - 女 - 男 - 女交替排列. 让这 12 个人随机站成一横排,请求出该站法恰好符合摄影师的要求的概率. 另外,这 12 个人的身高互不相同.

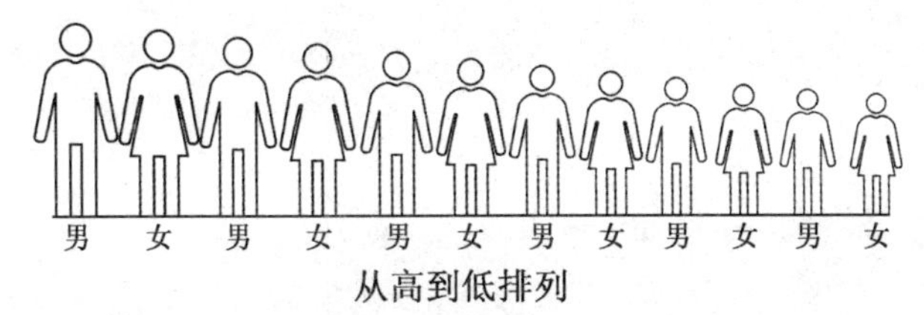

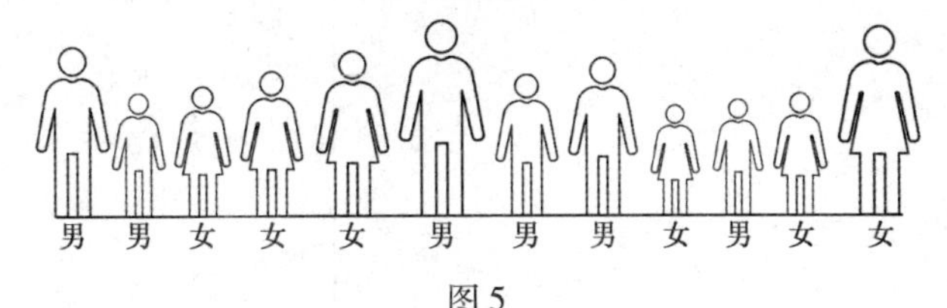

图 5

(ii)1,1,2,3,5,8,13,21,34,55,89,144,…这样的数列称为"斐波那契数列",它从第 3 项开始,每一项都等于它前面的两项之和. 把这个数列中的项依次称为 $f_1,f_2,\cdots$(例如 $f_1=1,f_{12}=144$). 在 12 张卡片上分别写有整数 $-f_1,f_2,-f_3,f_4,\cdots,-f_{11},f_{12}$,把这 12 张卡片并排成一横排,请求出该排列方法满足下列条件的概率:"对于任何一个 $i(i=1,2,\cdots,12)$,从左数前 i 张卡片的整数

之和都不小于0."也就是说,把这12张卡片从左到右依次相加,得到的和一直都不小于0.满足条件的一种排列方法是

[55],[-1],[-5],[3],[-34],[144]

[-2],[-89],[1],[21],[8],[-13]

日本第 1 届初级广中杯预赛试题(2004 年)

Ⅰ. 如图 1 所示,在 Rt$\triangle ABC$ 中,$AB=3$,$BC=4$,$CA=5$,在斜边 CA 上取点 P,使得两个三角形$\triangle ABP$ 和$\triangle BPC$ 的周长相等. 请求出$\triangle ABP$ 的面积.

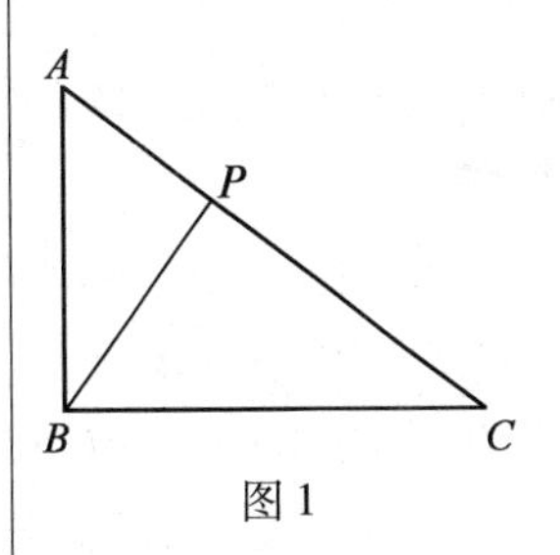

图 1

Ⅱ. 请在方框中填入适当的正整数

$31^2+\square^2+31^2+30^2+31^2+30^2+31^2+31^2+30^2+31^2+$

$30^2+31^2=11\ 111$

Ⅲ. 从 1 到 100 的整数中,只将某整数 n 的倍数相加时,和为 735. 求 n 的值.

Ⅳ. 有四对夫妇家庭聚会,一共吃了 64 个栗子. 四位女士中 A 吃了 6 个,B 吃了 4 个,C 吃了 8 个,D 吃了 2 个. 四位男士中 E 吃的个数和自己妻子吃的个数相同,F,G,H 吃的个数分别是自己妻子吃的个数的 2 倍、3 倍、4 倍. 请问:E,F,G,H 各吃了多少个?

Ⅴ. 如图 2 所示,$\triangle ABC$ 和$\triangle EFD$ 是面积为 2 004 平方厘米的全等的直角三角形(形状相同、大小相等). $AB=EF$,$BC=FD$,$\angle B=\angle F=90°$. 在边 FE 上有一点 H,在边 AB 上有一点 G,形成长方形 $GBHF$. 请求出长方形 $ADEC$ 的面积.

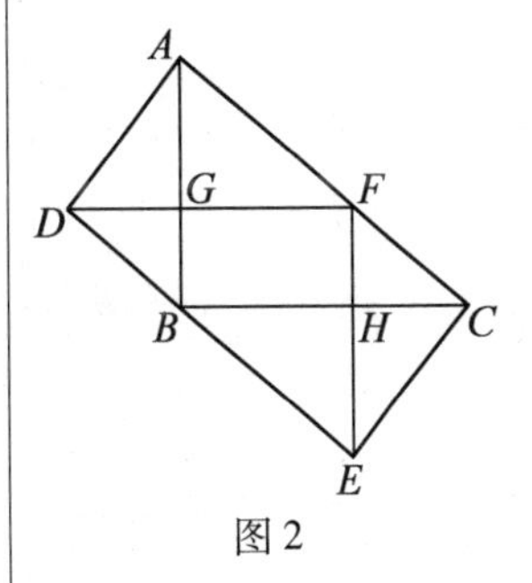

图 2

Ⅵ. 有一个大水池,周围有环形的道路,该环形道路上有 4 个车站 A,B,C,D. 从 A 站顺时针前进 1 km 可到达 B 站,而 C 站和 D 站在环道上相距 2 km.

昭夫和昭子从 A 站同时出发,治夫和治子从 B 站同时出发. 昭夫和昭子在 C 站相遇,治夫和治子在 D 站相遇. 又已知昭夫和治子以 8 km/h的速度跑,昭子和治夫以 4 km/h 的速度走. 请问该环形道路的周长是多少千米(已知该环形道路的周长不小于 4 km)?

对于本题,还有以下已知条件(表 1):

表 1

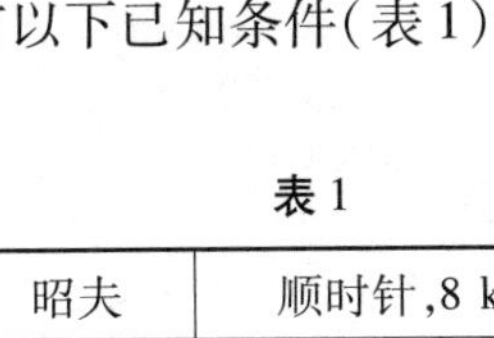

昭夫	顺时针,8 km/h
昭子	逆时针,4 km/h
治夫	顺时针,4 km/h
治子	逆时针,8 km/h

注 笔者认为,应把题中的两个“相遇”均改为“首次相遇”.

Ⅶ. 如图3所示,在四边形 $ABCD$ 中,$AB=3$,$BC=4$,里面放了全等的▱$BFIE$,▱$AICJ$,▱$JGDH$. 请求出 BF 的长度(图3).

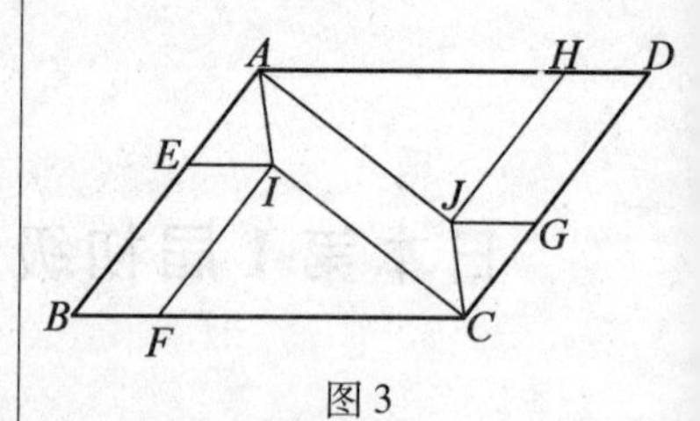

图3

Ⅷ. 请求出所有的正整数 n,使得 $11n-5$ 被 $2n+13$ 整除.

Ⅸ. 对图4中的整数进行如下操作:

(操作)选择上下或左右相邻的两个数,然后把它们都加上1,或都减去1. 按此方法操作若干次后形成图5. 请求出应填入 A 的整数.

0	1	0	1	0	1
2	0	2	0	2	0
0	3	0	3	0	3
4	0	4	0	4	0
0	5	0	5	0	5
6	0	6	0	6	0

图4

1	1	1	1	1	1
1	1	1	1	1	1
1	1	1	1	1	1
1	1	1	1	1	1
1	1	1	1	1	1
A	1	1	1	1	1

图5

Ⅹ. 在 $\triangle ABC$ 中,$AC=AB$,边 AB 的中点为 M. 直线 CM 与 $\angle BAC$ 的角平分线交于点 D;直线 CM 与边 BC 的垂直平分线交于点 E;直线 AD 与 $\angle ACM$ 的角平分线交于点 P;直线 AE 与 $\angle ACM$ 的角平分线交于点 Q. 点 D 和 E 不重合,且 $MD=ME$,请求出 $\angle AQC$ 的度数.

日本第 1 届初级广中杯决赛试题(2004 年)

Ⅰ. 如图 1 所示,正$\triangle ABC$ 的边长为 30,并将其分为边长为 1 的小正三角形.

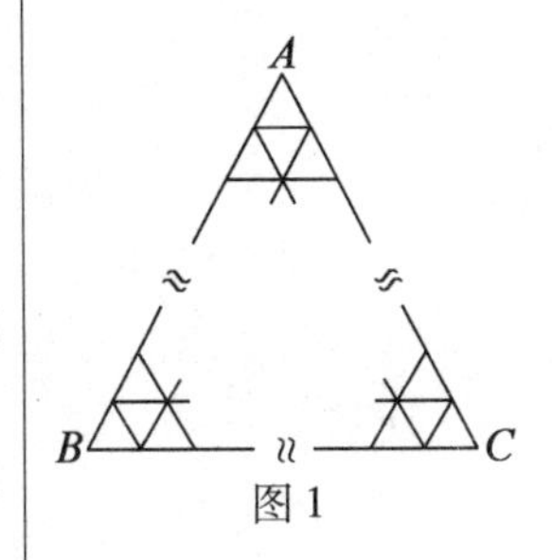

图 1

(i) 请求出被分成的小正三角形的个数(写出答案即可);

(ii) 在边 BC 上取点 P,使得 $BP=10$. 请问被直线 AP 切分成两部分的小正三角形有多少个(写出答案即可)?

(iii) 如果用边长为 1 的小正三角形$\triangle$(a)和两个小正三角形拼成的◇(b)恰好能完全覆盖$\triangle ABC$ 的话,至少需要多少个小正三角形$\triangle$(a)? 请简单说明理由.

Ⅱ. 以下问题,写出答案即可.

(i) 根据图 2 回答问题.

①根据图 2,请写出下列等式中的 A 和 B 代表的正整数,使等式成立

(棱长为 2 的正四面体的体积) = (棱长为 1 的正四面体的体积) × [A] + (棱长为 1 的正八面体的体积) × [B]

②请问棱长为 1 的正四面体的体积是棱长为 1 的正八面体的体积的多少倍?

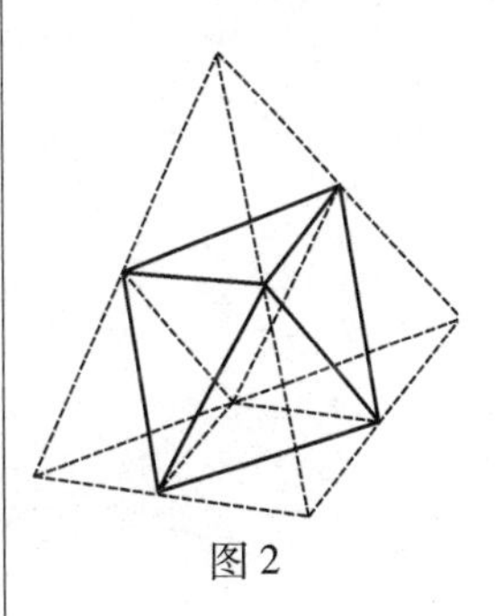
图 2

(ii) 请在由 1,2,3,4,5 组成的没有重复数字的五位正整数中找出按从小到大排列的第 60 个数.

(iii) 请求出 $A=1^1+2^2+3^3+4^4+\cdots+56\ 513^{56\ 513}$ 的个位数字.

(iv) 在 Rt$\triangle ABC$ 中,$AB=3$,$BC=5$,$CA=4$. 设$\triangle ABC$ 的重心为点 G,点 A,B,C 关于点 G 的对称点分别为 A',B',C'.

记 $C'A$ 与 $B'C$ 的交点、$A'B$ 与 $C'A$ 的交点、$B'C$ 与 $A'B$ 的交点分别为点 P,Q,R,请求出$\triangle PQR$ 的面积.

注 在$\triangle XYZ$ 中,若三边 YZ,ZX,XY 的中点分别为 L,M,N,则三条直线 XL,YM,ZN 交于一点,该交点 G 称为$\triangle XYZ$ 的重心. 重心 G 具有下列性质:$XG:GL=YG:GM=ZG:GN=2:1$.

(v) 如图 3 所示,10 个点呈正三角形排列(虚线的三角形都是正三角形),分别标有整数 1 到 10. 考虑以这 10 个点中的 3 个点为顶点的所有正三角形. 定义其中每一个三角形的"重量"为其三个顶点的整数之和. 请求出所有这样的三角形的"重量"之和.

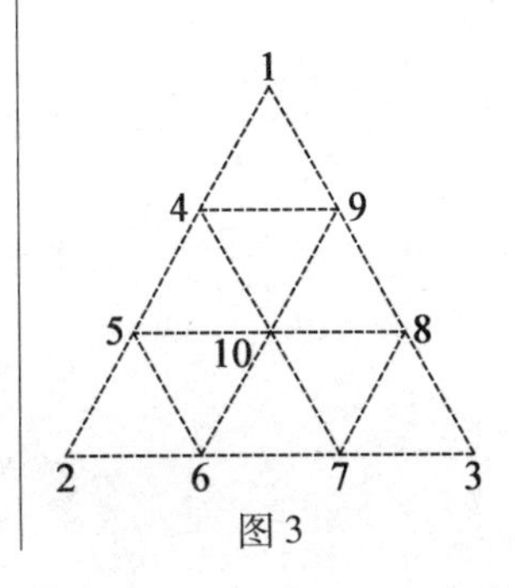

图 3

Ⅲ. 如图4所示,将两个平行四边形▱$ABDC$,▱$ECDF$组合起来. 已知$\triangle ABC \cong \triangle BCD$, $\triangle CDE$和$\triangle DEF$是正三角形, $\angle CAF = 30°$,请求出$\triangle ABC$和$\triangle CDE$的面积之比.

(答案请用$m:n$的形式表示,其中m和n为互质的正整数.)

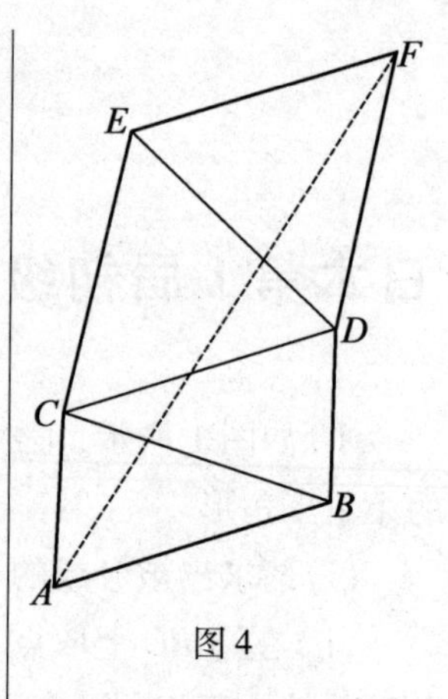

图4

日本第 5 届广中杯预赛试题(2004 年)

Ⅰ. 只写出答案即可.

(i)请计算:$\left(\frac{11}{31}-\frac{5}{7}\right)+2\left(\frac{6}{7}-\frac{7}{19}\right)-3\left(\frac{8}{19}-\frac{17}{31}\right)$.

(ii)如图 1 所示,在 Rt$\triangle ABC$ 中,$AB=3$,$BC=4$,$CA=5$,在斜边 CA 上取点 P,使得两个三角形$\triangle ABP$ 和$\triangle BPC$ 的周长相等. 请求出$\triangle ABP$ 的面积.

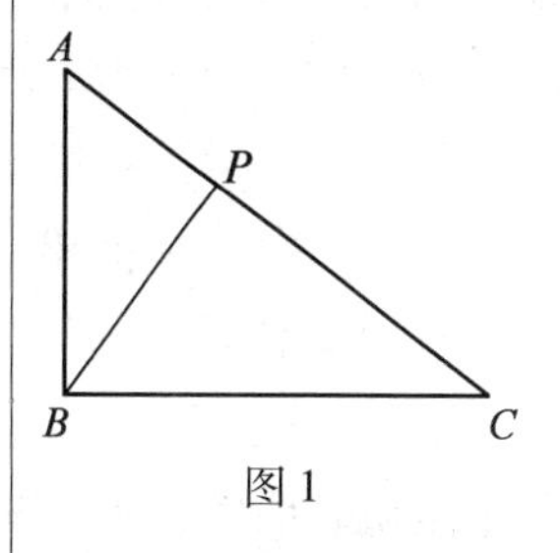

图 1

(iii)请在方框中填入适当的正整数

$31^2+\square^2+31^2+30^2+31^2+30^2+31^2+31^2+30^2+31^2+30^2+31^2=11\ 111$

(iv)有一个大水池,周围有环形的道路,该环形道路上有 4 个车站 A,B,C,D. 从 A 站顺时针前进 1 km 可到达 B 站,而 C 站和 D 站在环道上相距 2 km.

昭夫和昭子从 A 站同时出发,治夫和治子从 B 站同时出发. 昭夫和昭子在 C 站相遇,治夫和治子在 D 站相遇. 又已知昭夫和治子以 8 km/h 的速度跑,昭子和治夫以 4 km/h 的速度走. 请问该环形道路的周长是多少千米(已知该环形道路的周长不小于 4 km)?

对于本题,还有以下已知条件(表 1):

表 1

昭夫	顺时针,8 km/h
昭子	逆时针,4 km/h
治夫	顺时针,4 km/h
治子	逆时针,8 km/h

注 笔者认为,应把题中的两个“相遇”均改为“首次相遇”.

(v)如图 2 所示,在四边形 $ABCD$ 中,$AB=3$,$BC=4$,里面放了全等的$\square BFIE$,$\square AICJ$,$\square JGDH$. 请求出 BF 的长度.(图 2 不一定准确)

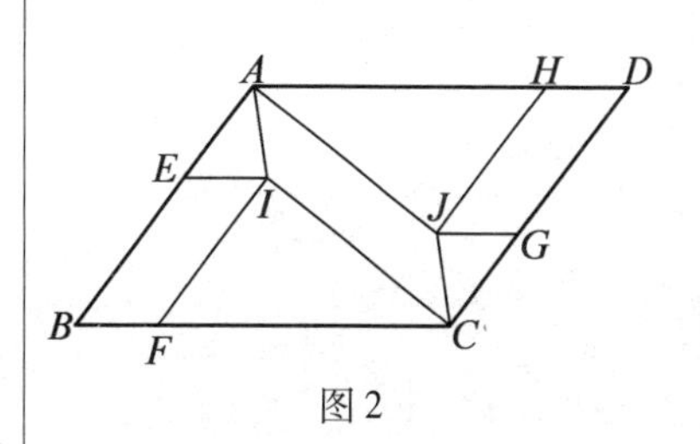

图 2

Ⅱ. 只写出答案即可.

(i)请求出 $1.666\ 66\times1.428\ 57\times840$ 的值,结果精确到整数

(四舍五入).

(ii)一些白瓷砖和黑瓷砖排成 3×3 的正方形.请问其中不含有两块相邻的黑瓷砖的排法有多少种?(图3是其中的一种.)

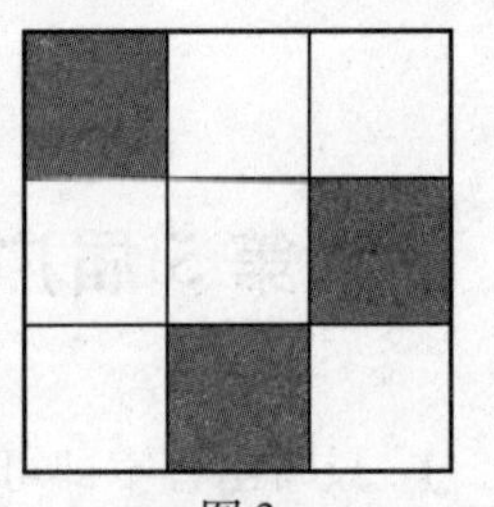
图3

注 ①黑瓷砖一块都不使用,也算一种;②旋转后和原来重合的,算同一种;③只是翻转后和原来重合的,不算同一种.

(iii)如图4所示,圆柱的底面半径和高均为1.上底面的圆周的四等分点为 A,B,C,D,圆心为点 O.过 AC 和 BD 分别作与圆柱底面夹角为45°的平面,与圆柱的侧面得到的交线分别是 C_1,C_2.记 C_1 和 C_2 的交点为 P,请求出线段 OP 的长度.

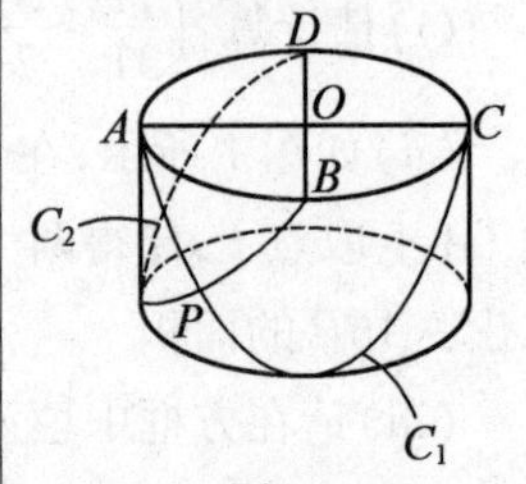

图4

(iv)有一副扑克牌(去掉大、小王)共52张.

秋子小姐从中抽出一张,看了之后将其扣到桌面上.别人问她:"抽出的牌是红桃7吗?"她回答:"是的."

请问:秋子小姐抽出的牌真是红桃7的概率是多少?已知秋子小姐说真话的概率是99%,说谎话的概率是1%.

Ⅲ.如图5所示,在△ABC 的边 BC,CA,AB 上分别取点 P,Q,R,AP 与 BQ,BQ 与 CR,CR 与 AP 的交点分别为 S,T,U.△BSP,△CTQ,△AUR 的面积都等于1,四边形 $BSUR$,$CTSP$,$AUTQ$ 的面积都等于5,请求出△STU 的面积.(请写出解答过程并附图.)

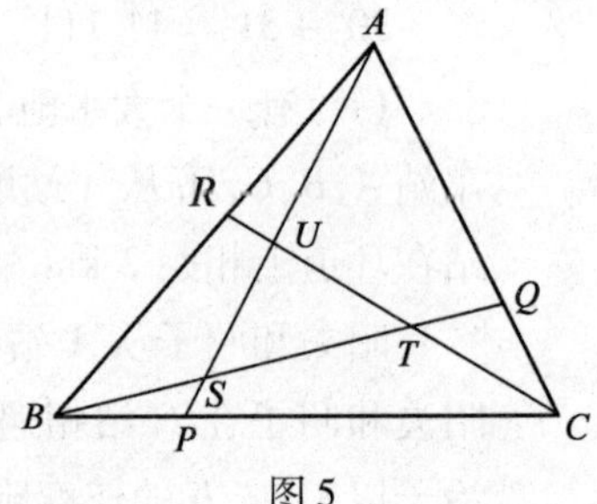

图5

日本第5届广中杯决赛试题(2004年)

Ⅰ. 有10张卡片,上面分别写着[1],[1],[2],[2],[3],[3],[4],[4],[5],[5]. 从中选出5张,从左到右排成一行,形成一个5位的正整数.

例如,如果选出[1],[1],[2],[3],[4],并按照这个顺序排列,就形成了5位正整数11 234. 这样的5位正整数共有M个,请回答下列问题,写出答案即可.

(i)请求出M的值,并验证M是10的倍数;

(ii)把这M个数按照从小到大的顺序排列,请求出第$\frac{M}{2}$个数;

(iii)把这M个数按照从小到大的顺序排列,请求出第$\frac{M}{5}$个数;

(iv)把这M个数按照从小到大的顺序排列,请求出第$\frac{M}{10}$个数.

Ⅱ. 如图1所示,正$\triangle ABC$的边长为30,并将其分为边长为1的小正三角形.

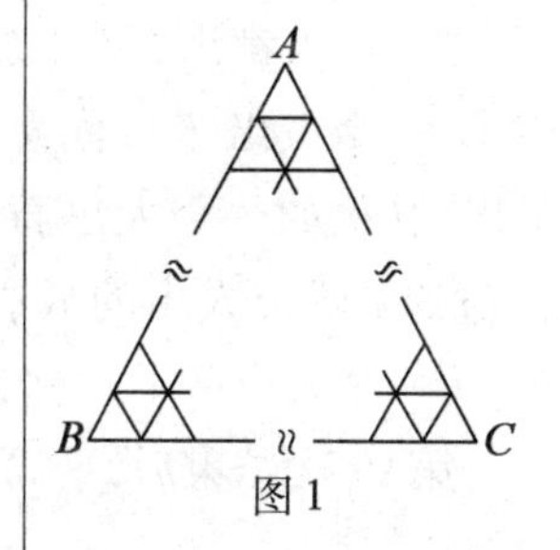

图1

(i)请求出被分成的小正三角形的个数(写出答案即可);

(ii)在边BC上取点P,使得$BP=10$. 请问被直线AP切分成两部分的小正三角形有多少个(写出答案即可)?

(iii)在边AB,BC,CA上分别取点Q,R,S,使得$AQ=BR=CS=3.333$. 请问$\triangle QRS$的周围(三条边)共切分了多少个小正三角形(写出答案即可)?

(iv)如果用边长为1的小正三角形$\triangle$(a)和两个小正三角形拼成的(b)恰好能完全覆盖$\triangle ABC$的话,至少需要多少个小正三角形$\triangle$(a)? 请简单说明理由.

Ⅲ. 如图2所示,从长方形$ABCD$中剪去以宽AB为边长的正方形$ABEF$,若得到的长方形$DFEC$和原来的长方形$ABCD$相似,这样的长方形$ABCD$称为"黄金长方形". 长与宽的比$\frac{BC}{AB}$称为"黄金比". 黄金比通常用希腊字母φ表示,它满足方程$\varphi^2-\varphi-1=0$.

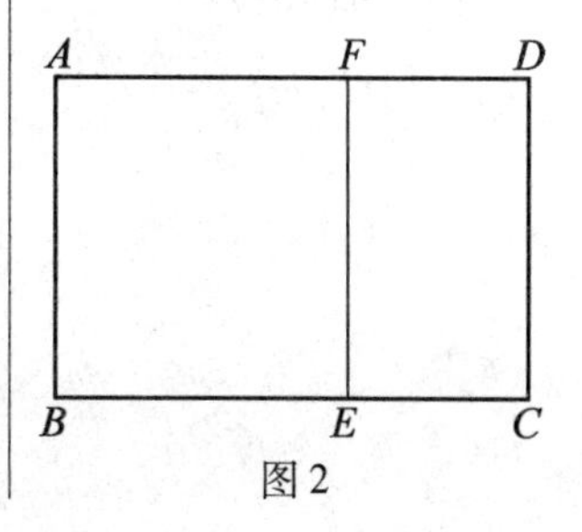

图2

(i)请证明:三边的比为 $\varphi:2\varphi:(\varphi+2)$ 的三角形是直角三角形;

(ii)在锐角 $\triangle ABC$ 中,$AB=AC$,过点 C 作 AB 边上的高 CD,且 $AD:DB=\varphi:2$. 在边 CA 上取点 E,使得 $\angle ACD=\angle EBC$. 请求出 $AE:EC$ 的值(用 φ 表示).

Ⅳ. 如图3(a)所示,边长为6的正方形被分成36个边长为1的小正方形. 从长度为1的虚线段(基本线段)中,选出若干条画上实线,并且其中包括从 A 到 B 的最短道路.

把 n 条基本线段画上实线,满足题意的方法数记为 X_n.

例如,如果只把10条基本线段画上实线,那么不可能得到从 A 到 B 的道路,所以 $X_{10}=0$. 另一方面,在图3(b)中,将14条基本线段画上实线,得到了从 A 到 B 的一条最短道路. 而在图3(c)中,虽然基本线段数目也是14,但并没有从 A 到 B 的"最短道路",不符合条件.

(i)请求出 X_{12} 的值(写出答案即可);

(ii)请求出 $\frac{X_{13}}{X_{12}}$ 的值(写出答案即可);

(iii)请求出 $\frac{X_{14}}{X_{12}}$ 的值(写出答案即可).

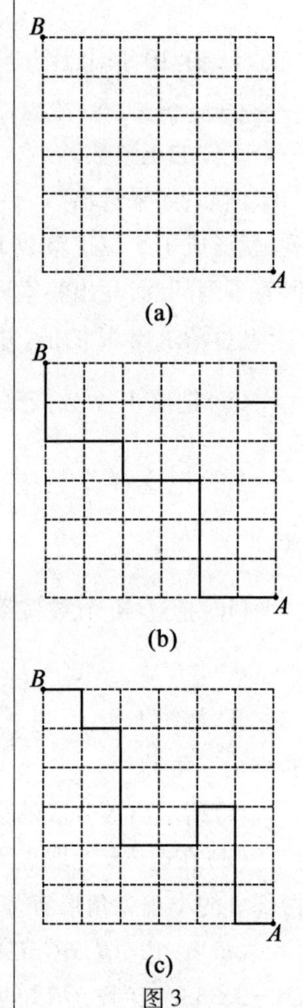

图3

Ⅴ. 甲、乙、丙三个人进行100次猜拳. 如果三个人出的都一样(例如三个人都出石头)或者都不一样(一个人出石头,一个人出剪子,一个人出布),称为"平局";如果一个人出的战胜了另两个人出的(例如一个人出石头,另两个人都出剪子),称为"一人获胜";如果两个人出的战胜了另一个人出的(例如两个人都出石头,另一个人出剪子),称为"两人获胜".

第99次结束后,平局有44次,一人获胜有33次,两人获胜有22次.

在100次猜拳中,三个人所有的出拳中,石头、剪子、布各出现了100次.

请问第100次猜拳的结果是什么? 请在(A)(B)(C)中选择(并说明理由):

(A)一人获胜;(B)两人获胜;(C)平局.

日本第 2 届初级广中杯预赛试题(2005 年)

第 I ~ IX 题只需写出答案,第 X 题需写出答案和思考过程.

Ⅰ. 记边长为 1 的正五边形的面积为 S,边长为 1 的正六边形的面积为 T. 关于 S 和 T 的大小关系,请在下面三个选项中选出正确的一个 (   )

A. $S>T$ B. $S=T$ C. $S<T$

Ⅱ. 在下列等式中,字母 $A \sim D$ 各代表 0 ~ 9 中的一个数字. 如果不止一种答案,写出一种即可

$$\overline{AB34}+\overline{1AC4}+\overline{12AD}+\overline{D23B}-1\ 234=5\ 000$$

Ⅲ. 求出 1 至 100 的自然数中,各位数字中 5 一次都没有出现的那些自然数之和.

Ⅳ. 在一个实心正方体的六个面上写有 6 个连续的自然数. 从某个方向看这个正方体,看到的面上的整数是 6,7,8. 另外,从某三个方向上看,看到的 3 个面的整数之和分别为 16,17,23.

请求出 6,7,8 这 3 个面的对面的整数分别是什么?

Ⅴ. 有一台复印机可以放大到 101%至 199%之间间隔 1%的所有尺寸. 用何种方法只使用复印机 2 次即可使原稿正好放大到 200%?(如有 2 种以上的写法,写出 1 种即可. 答案写法举例:134%→140%.)

Ⅵ. 将一个正整数和它的反序数相乘(例如 1 234 的反序数是 4 321,120 的反序数是 21),得到的乘积为 92 565. 请求出原来的数.

Ⅶ. 正方形 $ABCD$ 的边长为 1,设边 CD 的中点为 M,边 AD 的中点为 N,线段 AM 和线段 BN 的交点为 P,线段 AM 和线段 CN 的交点为 Q,线段 CN 和线段 BM 的交点为 R. 请求出四边形 $BPQR$ 的面积.

Ⅷ. 有 100 日元的硬币 4 枚,50 日元的硬币 1 枚,10 日元的硬币 5 枚,排成一行. 如果可以从某处把它们分成两段,左、右两段的总金额恰好都是 250 日元,就称这种排列方法是"好的". 请问"好的"排列方法共有多少种?

(不区分相同面额的硬币,也不区分硬币的正反两面.)

例:如果按照图 1 的方式排列,无论在哪里分成两段,都不能

使得两段的金额都等于250日元.

(100) (100) (10) (50) (10) (10) (100) (10) (10) (100)

图1

Ⅸ. $A\sim F$ 分别代表 $1\sim 9$ 中的某个数字且互不相同,使得下面的等式成立($A\sim F$ 表示六位数的各位数字)

$$\overline{ABCDEF}\times 3=\overline{BCDEFA}$$

请回答出满足题意的六位数$\overline{ABCDEF}$的一种可能取值.

Ⅹ. 在四边形 $ABCD$ 中,下列条件成立:

(i) $AB:AD=2:3$;

(ii) $AC:BC=3:1$;

(iii) $\angle ACB=\angle BAD=60^\circ$.

请求出 $\angle ACD$ 的度数.

日本第 2 届初级广中杯决赛试题(2005 年)

Ⅰ. 对于一个自然数 n,定义 $f(n)$ 为 n 的十进制表示的各位数字之积. 特别地,规定 $f(0)=0$. 例如, $f(2\ 223)=2\times2\times2\times3=24$, $f(f(2\ 223))=f(24)=2\times4=8$.

(i) 若 n 是三位正整数,请求出满足 $f(n)=105$ 的 n 的最小值;

(ii) 若 n 是四位正整数,请求出满足 $f(n)=210$ 的 n 的最大值;

(iii) 若 n 是五位正整数,请求出满足 $f(n)=1\ 024$ 的 n 的个数;

(iv) 若 n 是正整数,请求出满足 $f(f(2\ 005n))\neq0$ 的 n 的最小值.

Ⅱ. 只需写出答案即可.

(i) 如图 1 所示,圆 C 和圆 D 外离且半径不相等、都与直线 l 相切、都位于直线 l 的同侧. 请问和圆 C,圆 D,直线 l 都相切的圆有几个?

注 如果圆和圆或直线和圆恰有一个公共点,就称它们相切.

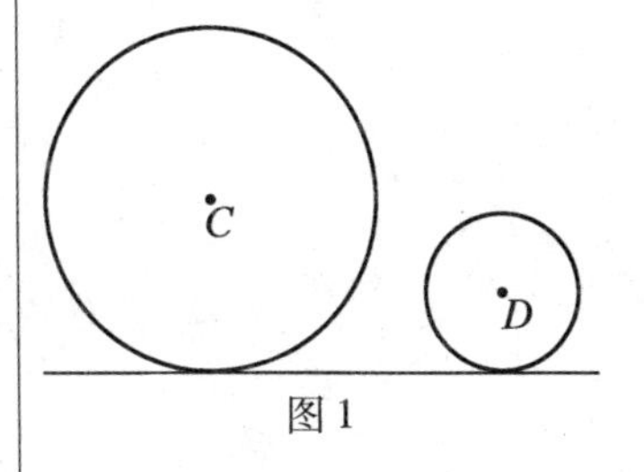

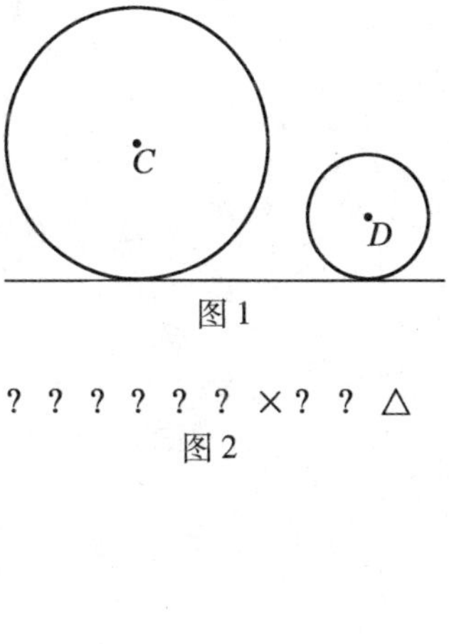

图 1

(ii) 有○, ×, △三种符号,按照"相同符号一定不能相邻"的规则,组成一个长度为 10 的序列.

请问:最右是△,从右数第四个是×的排列(图 2)方式有多少种?

? ? ? ? ? ? × ? ? △

图 2

(iii) 平面上有一个面积为 16 的正方形 $ABCD$ 和某一个点 P. 在四个三角形 $\triangle PAB$, $\triangle PBC$, $\triangle PCD$, $\triangle PDA$ 中,有两个的面积分别为 1 和 4. 请问满足该条件的点 P 共有多少个?(点 P 不一定在正方形内部)

(iv) 在黑板上按照下列规则写出一排正整数:

首先写出任意两个正整数,然后在它们的右边写上它们的和. 之后的每个数也等于它前面的数与再前面的数之和.

例如,若刚开始写的两个数分别是 1 和 2,则前几个数分别是

$$1,2,\underbrace{3}_{1+2},\underbrace{5}_{2+3},\underbrace{8}_{3+5},\underbrace{13}_{5+8},\underbrace{21}_{8+13},\underbrace{34}_{13+21},\cdots$$

太郎按照上述规则写出了 11 个数,最右边的数是 2 005.

请求出太郎写出的前两个数.

(v)有12张卡片,上面分别写有整数1~12.把这12张卡片分给大郎、二郎和三郎各4张,三人分到的卡片之间存在以下关系:

大郎的4张卡片上的数之和等于二郎的4张卡片上的数之和;

二郎的4张卡片上的数之积等于三郎的4张卡片上的数之积.

请问分给二郎的4张卡片上的数分别是多少?

Ⅲ.在图3中的梯形$ABCD$和梯形$EFGH$中,$AB=AD=EH$,并且$BC=EF=GH$.

请问梯形$EFGH$的面积是梯形$ABCD$的面积的多少倍?并说明理由.

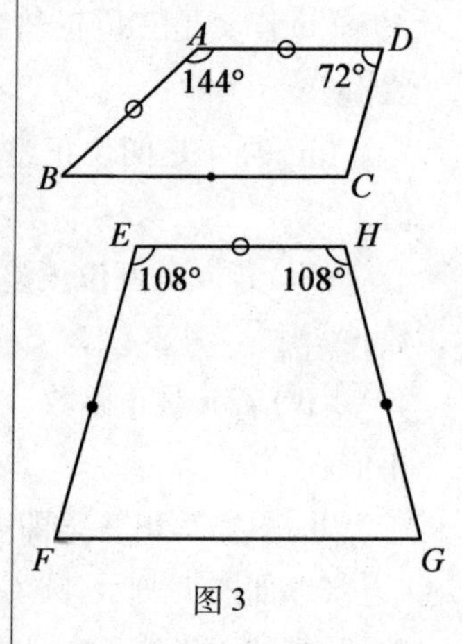

图3

日本第 6 届广中杯预赛试题(2005 年)

Ⅰ. 只需写出答案即可.

(i)记边长为 1 的正 200 边形的面积为 S,边长为 1 的正 201 边形的面积为 T.

关于 S 和 T 的大小关系,请在下面三个选项中选出一个正确的 ( )

A. $S>T$ B. $S=T$ C. $S<T$

(ii)在下列等式中,字母 $A\sim D$ 各代表 $0\sim 9$ 中的一个数字. 如果不止一种答案,写出一种即可

$$\overline{AB34}+\overline{1AC4}+\overline{12AD}+\overline{D23B}-1\ 234=5\ 000$$

(iii)有一张直角三角形的纸如图 1 所示,其三边长分别为 2,$2\sqrt{3}$,4.

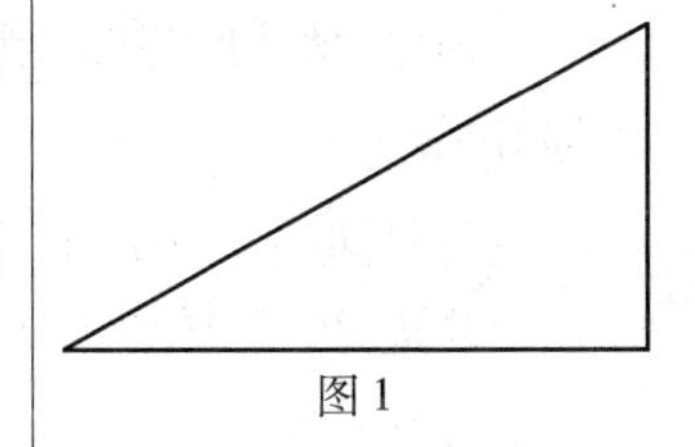
图 1

把这张纸剪成 4 个小直角三角形,它们的三边长分别为 1,$\sqrt{3}$,2. 请问有多少种不同的剪法?

(iv)正实数 a,b,c,d,x 满足

$$\frac{3a}{a+b+c+d}=\frac{4b}{a+b+c+d}=\frac{5c}{a+b+c+d}=\frac{xd}{a+b+c+d}=\frac{4}{5}$$

请求出 x 的值.

(v)有一些正整数,每一位数字都是 0 或 1,且满足:

①位数不超过 10;

②各个数位上恰好有 5 个 1.

例如,10 101 101 就是满足条件的一个正整数. 请求出满足上述条件的所有正整数的平均数.

Ⅱ. 只需写出答案即可.

(i)请计算 $171.4\times3.28+114.8\times6.56+449.2\times4.01-120.3\times9.24$ 的值.

(ii)秋子的姐姐是医大的学生. 有一天,她看到姐姐的考试题目,其中有下面的问题:

(问)在下列肌肉的名称和相应的英文名称的对应关系中,请在(A)~(E)中选出全部正确的一组:

①胸锁乳突肌:sternocleidomastoid muscle　棘上肌:supraspinatus muscle

②大胸肌:pectoralis major muscle　三角肌:deltoid muscle

③僧帽肌:supraspinatus muscle　肩胛下肌:subscapularis muscle

④棘上肌:latissimus dorsi muscle　大胸肌:pectoralis major muscle

⑤三角肌:deltoid muscle　肩胛下肌:subscapularis muscle

(A)①②③　(B)②③④　(C)③④⑤　(D)①④⑤　(E)①②⑤

秋子问姐姐:“姐姐,这里面(A)~(E)中真的有正确答案吗?”

姐姐:“嗯,当然.只有一个是正确答案.”

秋子:“这么说的话,答案应该是‘□’.我虽然完全不懂医学术语,但就本题而言,我可以推断出正确答案.”

姐姐:“答案正确.你是怎么知道的?!”

姐姐感到很惊讶.

请问:秋子回答的“□”是什么?请从(A)~(E)中寻找出正确答案.

(iii)如图2所示,在$\triangle ABC$中,$BC=3$,$CA=6$,$AB=3\sqrt{3}$.

在边BC上取点P,边CA上取点Q,边AB上取点R,使得下面的条件同时成立:

①$BP=1$;

②$\triangle PQR$是正三角形.

请求出PQ的长度.

(iv)$A\sim F$分别代表1~9中的某个数字且互不相同,使得下面的等式成立,有两种可能($A\sim F$表示六位数的各位数字)

$$\overline{ABCDEF}\times 3=\overline{BCDEFA}$$

请回答满足题意的六位数$\overline{ABCDEF}$的两种可能取值.(如只答出一种,可给一部分的分数)

Ⅲ.如图3所示,对于三个两两外离的圆来说,和它们都外切的圆称为它们的“共同外切圆”,和它们都内切的圆称为它们的“共同内切圆”.

(i)有三个半径都为1的圆的圆心分别为A,B,C,且$AB=3$,$BC=4$,$CA=5$,请求出这三个圆的共同外切圆的半径.

(ii)已知正$\triangle XYZ$的边长为8.分别以顶点X,Y,Z为圆心,2,3,4为半径作圆.

请求出圆X,圆Y,圆Z的共同内切圆的半径R与共同外切圆

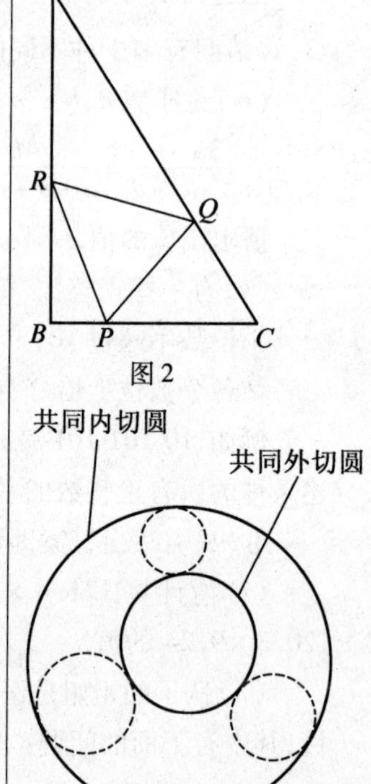

图2

图3

的半径 r 之差 $R-r$.

（圆 X,圆 Y,圆 Z 的共同内切圆和共同外切圆分别只有一个,这条性质无须证明,可以直接使用.请写出思考过程.）

日本第6届广中杯决赛试题(2005年)

Ⅰ. 对于一个自然数n,定义$f(n)$为n的十进制表示的各位数字之积. 特别地,规定$f(0)=0$. 例如,$f(2\,223)=2\times2\times2\times3=24$, $f(f(2\,223))=f(24)=2\times4=8$.

(i)若n是三位正整数,请求出满足$f(n)=105$的n的最小值;

(ii)若n是四位正整数,请求出满足$f(n)=210$的n的最大值;

(iii)若n是五位正整数,请求出满足$f(n)=1\,024$的n的个数;

(iv)若n是正整数,请求出满足$f(f(2\,005n))\neq0$的n的最小值.

Ⅱ. 有一张长方形的纸(不是正方形),长和宽都是整数. 对这张纸反复进行如下操作:从这张纸的一端剪下一个最大的正方形.

进行操作后,如果不是正方形,则继续操作;如果是正方形,则操作结束. 到操作结束为止,操作的次数称为原长方形的"耐久次数",最后剩下的正方形的边长称为原长方形的"基本边长".

例如,2×5的长方形如图1所示进行连续操作之后,耐久次数为3,基本边长为1.

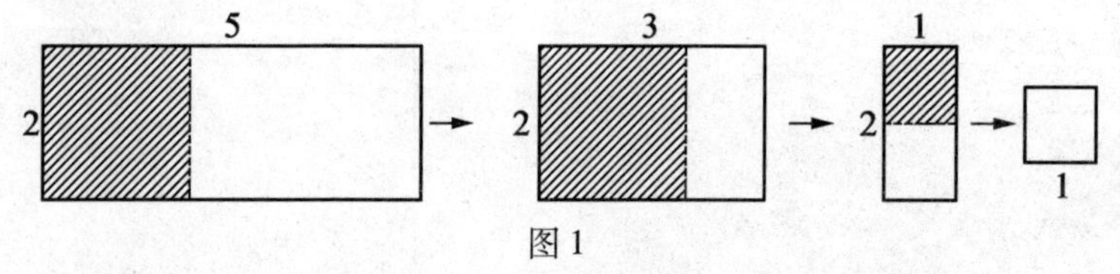

图1

(i)请求出144×233的长方形的耐久次数和基本边长;

(ii)请问长为720,宽为小于720的整数的长方形中,耐久次数为6的有多少个?

(iii)请问长为800,宽为小于800的整数的长方形中,基本边长为2的有多少个?

(iv)请求出$(3^{21}-1)\times(3^{18}-1)$的长方形的基本边长.

Ⅲ. 请回答下列问题,只写出答案即可.

(i)空间内有一个正四面体. 请问这个正四面体的四个面所在的平面将空间分为多少个部分?

(ii)空间内有一个正六面体(正方体). 请问这个正六面体的六个面所在的平面将空间分为多少个部分?

(iii)空间内有一个正八面体. 请问这个正八面体的八个面所在的平面将空间分为多少个部分?

Ⅳ. 在 $\triangle ABC$ 中, $AB=AC=10$, $BC=15$. 在边 BC 上取点 D, 使得 $BD=3$. 此时, 请求出 $\angle CAD:\angle ADB$ 的最简整数比.(请写出思考过程)

Ⅴ. $A=\underbrace{444\cdots44}_{2\,005个4}$, 即在十进制表示中由 2 005 个 4 组成的数.

(i)请求出 A^2 在十进制表示中的前两位.(请写出思考过程)

(ii)请求出 A^2 在十进制表示中的从右往左第 2 005 位.(请写出思考过程)

(对于一个 n 位数来说, 它的前两位是 10^{n-1} 和 10^{n-2} 的位, 从右往左第 2 005 位是 $10^{2\,004}$ 的位. 例如, 234 543 713 548 的前两位是 23, 从右往左第 6 位是 7.)

日本第3届初级广中杯预赛试题(2006年)

Ⅰ.如图1所示,圆和正方形的面积相等,且中心重合.如果阴影部分S的面积为1,请求出打点部分的面积T.(如果需要的话,可以用圆周率π来表示;图1不一定准确.)

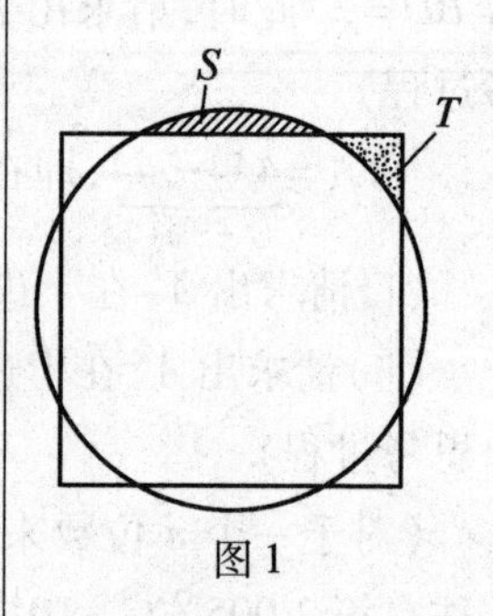

图1

Ⅱ.关于以下两个数的大小,请在(A)$S>T$,(B)$S=T$,(C)$S<T$中选择一个正确答案.

$$S=\frac{1}{2}+\frac{1}{3}+\frac{1}{4}+\cdots+\frac{1}{10}\text{(2到10的所有整数的倒数和)}$$

$$T=\frac{1}{11}+\frac{1}{12}+\frac{1}{13}+\cdots+\frac{1}{100}\text{(11到100的所有整数的倒数和)}$$

Ⅲ.有一辆观览车,每14 min转一圈.从距地面不少于30 m的高度看到的景色称为“好景色”.观览车的车厢在直径为40 m的圆周上匀速运动,也就是说,他所到达的最高点距离地面40 m.请问,这辆观览车转一圈(14 min)期间,能看到“好景色”的时间是多少分多少秒?

Ⅳ.有一个整数x,被$(21\times22\times23\times24\times25\times26)$除,商是123 456的倍数,余数是456 789.请问,x被$(11\times12\times13\times14\times15\times16)$除,余数是多少?

Ⅴ.河水以一定的速度流动,下游有A村,上游有B村.从A村出发,坐电动船到上游的B村,然后再坐电动船回下游的A村.从A村出发,打开发动机,行驶5 min后,发动机出现了故障,于是关掉它进行修理.在此期间电动船随河水向下游运动.5 min后修好了,再次打开发动机,行驶到B村,又用了5 min.回来的时候,发动机没有发生故障(发动机一直开着),从B村到A村用了5 min.

如果发动机不发生故障,这艘船从A村行驶到B村共需要多少分多少秒?(假定河水的流速是一定的)

Ⅵ.在$\triangle ABC$中,点D在边AB上,将其分为1:2的两部分.如图2所示,点E在$\triangle ABC$外,DE和BE分别与AC交于P和Q,且$\triangle APD$,$\triangle EPQ$,$\triangle BCQ$的面积都相等.此时,请求出$AP:PQ:QC$的最简整数比.(图2不一定准确)

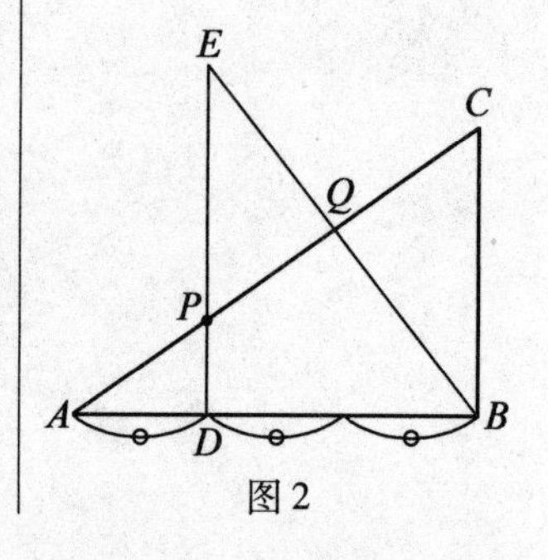

图2

Ⅶ.在A和B中填入适当的数,使得框中的描述符合逻辑:

若数 x 恰好满足下面5个条件中的[A]个,
则数 x 存在唯一的一种可能:$x=$[B].
(1) $\frac{1\,979}{418}\leqslant x\leqslant\frac{5\,963}{888}$;
(2) $3.14\leqslant x\leqslant 3+\frac{2}{3}+\frac{2}{9}+\frac{2}{27}+\frac{2}{81}+\frac{2}{243}$;
(3) x 为正整数;
(4) $x-\frac{1\,799}{890}\leqslant\frac{4\,444}{567}\leqslant x$;
(5) $x\leqslant\left(\frac{3}{2}\right)^4$.

Ⅷ. 四边形 $ABCD$ 满足下面的条件:
(1) $DA=AB=BC$;
(2) $\angle DAB=108°$, $\angle ABC=48°$.
此时,请求出 $\angle BCD$ 的值.

Ⅸ. 对于一个四位的正整数 X,前两位和后两位各组成一个非负整数.如果这两个整数的乘积恰好等于原来的正整数 X 的 $\frac{1}{2}$,请求出 X 的所有可能取值.(例如,2 006 可以分成20和06(即6).)

Ⅹ. 在 $\triangle ABC$ 中,$AB=2$,$BC=3$,$CA=4$.记 $\triangle ABC$ 的内心为 P,线段 BC 的中点为 M,若 $\angle BAP=x$,请用 x 表示 $\angle MAP$ 的大小.

注 一般地,在 $\triangle XYZ$ 中,$\angle X$, $\angle Y$, $\angle Z$ 的角平分线交于一点,这个点称为 $\triangle XYZ$ 的内心.

日本第3届初级广中杯决赛试题(2006年)

Ⅰ.只写出答案即可.

对于正整数n,用$n!$表示从1到n的所有正整数的乘积.

例如,$4!=4\times3\times2\times1=24$.

(i)请将20!分解质因数;

(ii)请问20!的正约数中有多少个是完全立方数?这里,完全立方数是指像1,8,27这样的,等于某个正整数的3次方的数;

(iii)请问有多少个正整数,它们是20!的约数,但不是19!的约数(笔者注:由所给的参考答案"$2^4\times3^6$"来看,这里的两处"约数"均应改为"正约数";否则答案是"$2^5\times3^6$")?将结果写成分解质因数的形式;

(iv)请问在20!的约数(笔者注:这里的"约数"也应改为"正约数")中,(十进制下)的各位数字之和等于2的有多少个?

注 将一个正整数写成质数的乘积的形式,称为"分解质因数".

例如,$48=2\times2\times2\times2\times3=2^4\times3$,2和3都是质数,所以48可以分解质因数为$2^4\times3$.

Ⅱ.请回答下面的问题.其中(i)~(v)写出答案即可,(vi)需要写出答案和思考过程.

(i)请在图1所示的5个圆所围成的9个区域中,不重复地填入1~9的数字,使得每个圆中的数字之和都相等.如果答案有多种,写出一种即可.

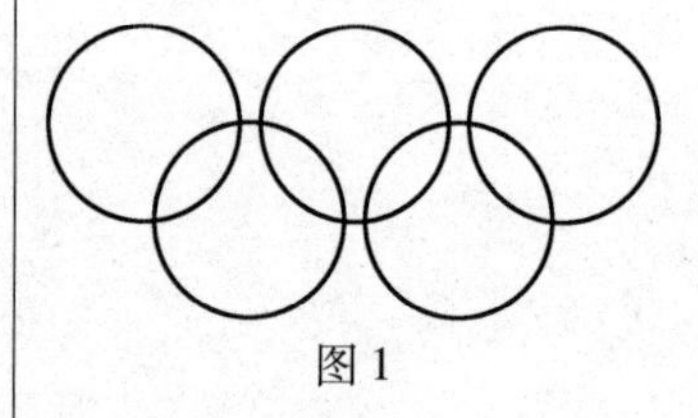
图1

(ii)有五个整数a,b,c,d,e满足下面的两个等式

$$\begin{cases}2a+3b+5c+8d+13e=1 & (1)\\ 3a+5b+8c+13d+21e=3 & (2)\end{cases}$$

此时,请求出$21a+34b+55c+89d+144e$的所有的可能取值.

(iii)有一类三角形,它们既不是直角三角形,也不是等腰三角形,但三边的长度和面积都是整数.请写出一个这样的三角形的三边的长和面积,如果有多个,写出一个即可.

参考 当直角三角形的两条直角边的长度分别为a,b,斜边的长度为c时,有$a^2+b^2=c^2$成立.因此,"三边的长度和面积都是整数"可以利用三边长分别为3,4,5的直角三角形等构造出来.

(iv)请问满足(各位数字之和)×(各位数字之积)=2 006 的正整数有多少个?

(v)如图 2 所示,20 根火柴棍组成一个 $1\times1\times2$ 的长方体的形状,点 X 上有一只蚂蚁,

蚂蚁从点 X 出发沿火柴棍爬行,途中经过点 A,B,C,D,E,F,G,H,I,J,K,L 各一次,最后回到点 X,请问有多少种爬法?

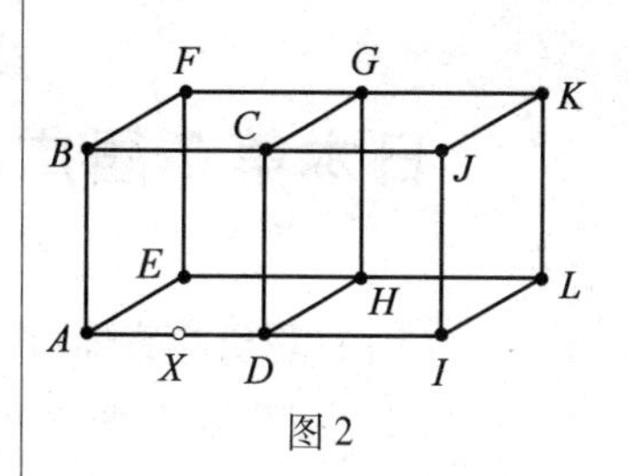

图 2

(vi)已知凸四边形 $ABCD$ 满足 $\begin{cases}\angle A=40°,\angle B=140°,\angle C=70°\\2AB=BC\end{cases}$,请求出 $\angle ADB$ 的度数.

Ⅲ. 把从 1 到 n 的 n 个整数排成一行,相邻两个数的差共有 $n-1$个.

例如,当 $n=5$,从 1 到 5 的整数按照 3,4,1,5,2 的顺序排列时,相邻两个数的差(共 4 个)是 1,3,4,3,如图 3 所示:

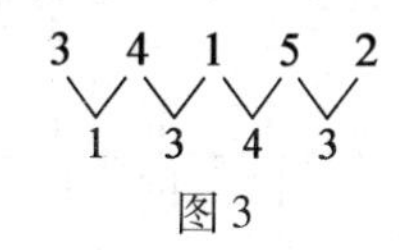

图 3

(i)请把 1 到 10 的 10 个整数排成一行,使得相邻两个数的差(共 9 个)互不相同. 如果有多种答案,写出一种即可.(只写出答案即可)

(ii)把 1 到 2 006 的 2 006 个整数排成一行,使得相邻两个数的差(共 2 005 个)中,出现了从 1 到 2 005 中的 2 004 个数. 请求出 1 到 2 005 中不出现的那个数的所有可能性.(需写出思考过程)

日本第7届广中杯预赛试题(2006年)

Ⅰ. 只写出答案即可.

(i) 关于以下两个数的大小,请在(A) $S>T$,(B) $S=T$,(C) $S<T$中选择一个正确答案.

$$S=\frac{1}{2}+\frac{1}{3}+\frac{1}{4}+\cdots+\frac{1}{10}(2\text{ 到 }10\text{ 的所有整数的倒数和})$$

$$T=\frac{1}{11}+\frac{1}{12}+\frac{1}{13}+\cdots+\frac{1}{100}(11\text{ 到 }100\text{ 的所有整数的倒数和})$$

(ii) 有一辆观览车,每14 min转一圈. 从距地面不少于30 m的高度看到的景色称为“好景色”. 观览车的车厢在直径为40 m的圆周上匀速运动,也就是说,他所到达的最高点距离地面40 m. 请问,这辆观览车转一圈(14 min)期间,能看到“好景色”的时间是多少分多少秒?

(iii) 河水以一定的速度流动,下游有 A 村,上游有 B 村. 从 A 村出发,坐电动船到上游的 B 村,然后再坐电动船回下游的 A 村. 从 A 村出发,打开发动机,行驶5 min后,发动机出现了故障,于是关掉它进行修理. 在此期间电动船随河水向下游运动. 5 min后修好了,再次打开发动机,行驶到 B 村,又用了5 min. 回来的时候,发动机没有发生故障(发动机一直开着),从 B 村到 A 村用了5 min.

如果发动机不发生故障,这艘船从 A 村行驶到 B 村共需要多少分多少秒?(假定河水的流速是一定的)

(iv) 在正四面体 $ABCD$ 里面有两个球 S_1 和 S_2.

S_1 是正四面体 $ABCD$ 的内切球,而 S_2 和三个面 ABC,ACD,ADB 相切,和 S_1 外切. 请求出 S_2 和 S_1 的体积比 $\frac{V_2}{V_1}$.

(v) $8888_{(9)}\times8887_{(9)}\times8886_{(9)}\times8885_{(9)}\times8884_{(9)}$ 的计算结果仍用九进制表示,请求出其后四位.

Ⅱ. 只写出答案即可.

(i) 请计算:$1.111\,1\times1\,111.2-11.113\times111.14-111.15\times11.116+1\,111.7\times1.111\,8$.

(ii) 一家公司有6名员工,其中有1名董事长、1名副董事长、1名主任、3名普通员工(指不担任任何职务的员工). 有趣的是,3

名有职务的员工的姓氏分别是木田、林田、森田;3 名普通员工的姓氏也分别是木田、林田、森田. 在这家公司里,3 名有职务的员工被称为“领导”,3 名普通员工被称为“师傅”. 根据下面的线索,请回答出董事长和副董事长的姓氏.

A. 木田师傅住在东京都;

B. 副董事长每天从长野县出发,坐新干线去上班;

C. 林田师傅的年收入为 700 万日元;

D. 3 名普通员工中的 1 名和副董事长住得很近,其年收入恰好是副董事长的 75%;

E. 森田领导曾和主任大吵过一架;

F. 和副董事长同姓的普通员工住在神奈川县.

(iii)有一个长方体 $ABCD-FEGH$,面 $ABCD$ 和 $FEGH$ 都是边长为 2 的正方形,高为 10. P,Q,R 分别为棱 AE,BF,DH 上的点,且 $AP=2,BQ=3,DR=4$.

过 P,Q,R 三点的平面把长方体切割成两部分,请求出切割面的面积.

(iv)变换 1,2,3,4,5,6,7,8,9 这 9 个数字的位置,排列出所有的 9 位数(例如 135 782 469),请找出其中能被 13 整除的数中第二大的数.

Ⅲ. 请回答下面的问题.

(i)在 $\triangle ABC$ 中,$AB=2,BC=3,CA=4$,请证明其内角可以满足以下关系:$2\angle BAC+3\angle ACB=180°$.

(ii)在 $\triangle PQR$ 中,$PQ=12,QR=8,RP=5$,且 $\angle QPR=x$,$\angle PQR=y$.

请求出一组自然数(a,b),使得 $ax+by=180°$.(请写出思考过程)

日本第7届广中杯决赛试题(2006年)

Ⅰ. 只写出答案即可.

对于正整数 n,用 $n!$ 表示从1到 n 的所有正整数的乘积.

例如,$4!=4\times3\times2\times1=24$.

(i)请将 $20!$ 分解质因数;

(ii)请问 $20!$ 的正约数中有多少个是完全立方数? 这里,完全立方数是指像1,8,27这样的,等于某个正整数的3次方的数;

(iii)请问有多少个正整数,它们是 $20!$ 的约数,但不是 $19!$ 的约数(笔者注:由所给的参考答案"$2^4\times3^6$"来看,这里的两处"约数"均应改为"正约数";否则答案是"$2^5\times3^6$")? 将结果写成分解质因数的形式;

(iv)请问在 $20!$ 的约数(笔者注:这里的"约数"也应改为"正约数")中,(十进制下)的各位数字之和等于2的有多少个?

注 将一个正整数写成质数的乘积的形式,称为"分解质因数".

例如,$48=2\times2\times2\times2\times3=2^4\times3$,2和3都是质数,所以48可以分解质因数为 $2^4\times3$.

Ⅱ. 只写出答案即可.

在长方形 $ABCD$ 中,在边 BC,CD,DA,AB 上分别取点 M,N,P,Q 使得 $MC:CN=MP:PQ=3:4$,$CN=ND$,$\angle MNP=\angle MPQ=90°$.

(i)请求出 $AB:BC$ 的值;

(ii)请求出一组自然数 a 和 b,它们互质,且 $a^2+b^2=125^2$.

Ⅲ. 有一个看不清圆心的圆 C,上面有两个点 P 和 Q,线段 PQ 不是圆 C 的直径. 只用两次圆规和一次直尺,就可以过点 P 作圆 C 的切线. 请说明作图的顺序,并证明画出的线确实是圆 C 的切线.

这里,圆规只能用来作圆,直尺只能用来过不同的两点作直线.

Ⅳ. 如图1所示,有一个正三角形的台球桌 OAB. 从顶点 O 击球,经过1 133次反射之后停止了. 击球的方向与边 OA 所成的角度为 $x(0°<x<60°)$,请回答下列问题:

(i)请问 x 的取值可能有多少种?

(ii)如果台球最终停在点 A,请问此时 x 的可能取值有多少种?

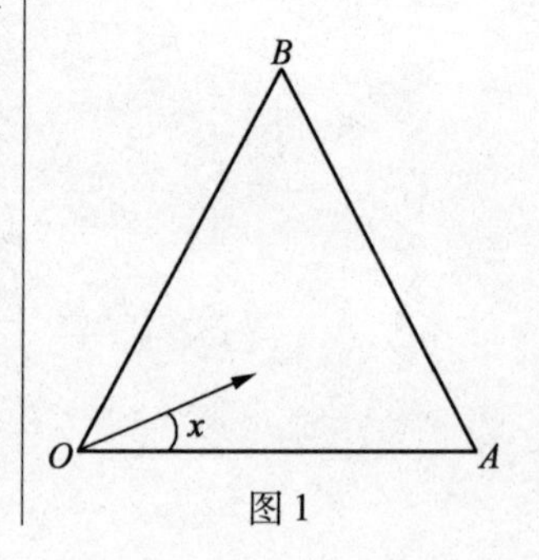

图1

注意:(1)台球沿着直线段滚动;

(2)台球碰到桌边时,按照"入射角 = 反射角"的原则进行反射;

(3)台球碰到 O,A,B 三个角之一时停止,否则就一直不停地滚动;

(4)需要写出思考过程.

Ⅴ.图2是由3个棱长为1的正方体组成的立体图形,称为一块"L形积木".把若干块 L 形积木拼起来,可以组成许多各式各样的立体图形.

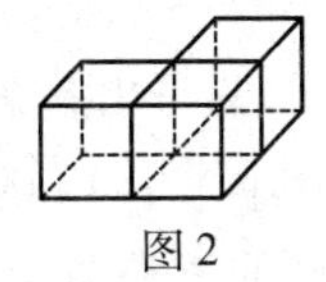

图2

(i)能否将9块 L 形积木拼成一个棱长为3的正方体?如果能,请简单说明拼法;如果不能,请说明理由.

(ii)图3中的立方体由84个棱长为1的正方体组成.最顶层有1个正方体,第二层有 $3\times3=9$ 个,第三层有 $5\times5=25$ 个,最底层有 $7\times7=49$ 个.

能否将28块 L 形积木按照图3的图形那样拼起来?如果能,请简单说明拼法;如果不能,请说明理由.

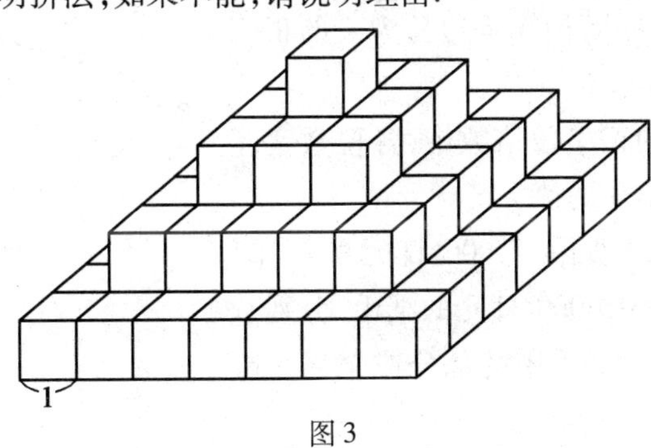

图3

日本第4届初级广中杯预赛试题(2007年)

第Ⅰ~Ⅺ题只需写出答案,第Ⅻ题需写出答案和思考过程.

Ⅰ.只写出答案即可.

在不大于13 000的正整数中,13的倍数之和为S;在不大于14 000的正整数中,14的倍数之和为T.请比较$14S$和$13T$的大小,并在以下(A),(B),(C)中选出正确的一个.

(A)$14S>13T$　　(B)$14S=13T$　　(C)$14S<13T$

Ⅱ.有一个五位正整数,它的每一位都不是0.现在把这个数的每一位数字都换成10与原来数字的差,例如1换成9,7换成3,5仍然是5.如果得到的新数比原来的数恰好大1 234,请求出原来的数.

Ⅲ.请问图1中的四边形$ABCD$的面积等于边长为1的正三角形的面积的多少倍?

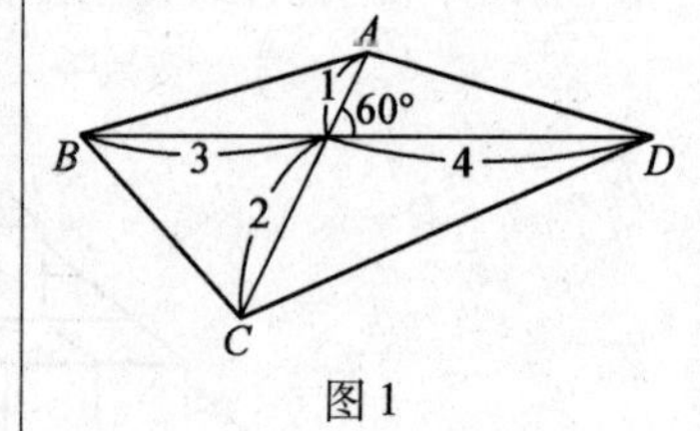

图1

Ⅳ.有一个三位正整数a,在a的正整数倍数中,各位数字互不相同的数中最小的是2 109.请求出a的值.

Ⅴ.100日元的硬币,500日元的硬币,1 000日元的纸币,2 000日元的纸币,5 000日元的纸币,10 000日元的纸币,分别有两枚(或两张).请问:使用这些硬币和纸币中的部分或全部而能够恰好支付的金额有多少种(不包括0日元)?

Ⅵ.四个正整数a,b,c,d满足$a\times b=12\ 600$,$a\times c=14\ 400$,$a\times d=9\ 000$.请求出$c\times d$可能取到的最小值.

Ⅶ.在77^{77}的正约数中,请求出其中被6除余1的数的个数.

Ⅷ.三个整数a,b,c满足等式$17\ 019=7\ 009a+3\ 005b+1\ 003c$.此时,请求出$a^2+b^2+c^2$可能取到的最小值.

Ⅸ.请找出一组正整数(a,b,c,d,e),满足下列所有条件

$$41^2+42^2+43^2=a^2+b^2+c^2+d^2+e^2$$

$$a+b+c+d+e=42\times 3$$

注意:如果答错了,要扣3分(不答不扣分).

如果有必要,可参考下列等式

$$3^2+4^2+5^2=1^2+2^2+3^2+6^2$$

$$5^2+6^2+7^2=2^2+3^2+4^2+9^2$$

Ⅹ.有四个棱长为1的正方体,把它们组成一个体积为4的立

体图形,要求相邻正方体的面之间恰好相接,请问共有多少种方法?

注 旋转后和原来重合的视为同一种方法.

Ⅺ.请求出满足下列条件的一组整数(x,y):

设半径为1的圆的内接正五边形的边长为a,面积为b,则边长为a的正十边形的面积为$xa+yb$.

Ⅻ.如图2所示,两个正三角形$\triangle ABC$和$\triangle DEF$有一部分重叠.D是边AB上的点,$AD:DB=1:2$,C是边EF上的点,$EC:CF=3:1$.请问四边形$ADCF$的面积等于四边形$DBEC$的面积的多少倍?(需要画出图形,并说明理由.)

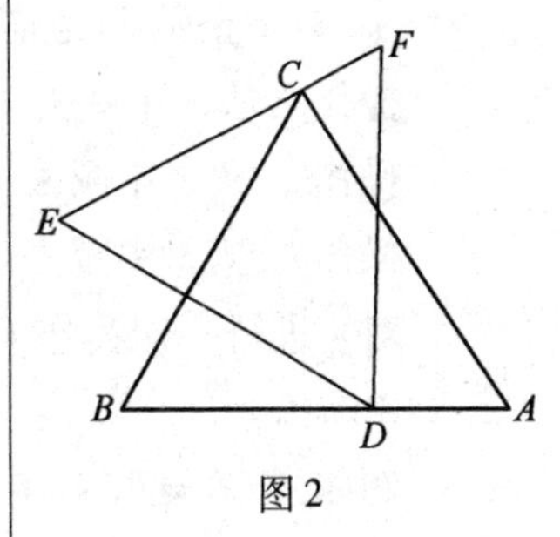

图2

日本第4届初级广中杯决赛试题(2007年)

Ⅰ. 对于整数 x,考虑下面的操作.

操作 f:从 x 中减去16,乘以2,然后加上16;

操作 g:从 x 中减去16,乘以7,然后加上16;

操作 h:从 x 中减去16,平方,然后加上16;

对 x 进行一次操作 f 后得到的结果记为 $f(x)$,类似地可定义 $g(x)$ 和 $h(x)$.

例如,$f(2)=(2-16)\times2+16=-12$;$h(15)=(15-16)^2+16=17$;

$f(g(15))=f((15-16)\times7+16)=f(9)=(9-16)\times2+16=2$.

下面的问题,只需回答出结果即可.

(i)从18出发,连续进行5次操作 h,得到的数记为 $h(h(h(h(h(18)))))$,请问它最多可以被2的几次幂整除. 也即 $\frac{h(h(h(h(h(18)))))}{2^m}$ 是整数的最大整数 m 是多少?

(ii)从231出发,连续进行4次操作 f,得到的数记为 $f(f(f(f(231))))$,请问它最多可以被2的几次幂整除. 也即 $\frac{f(f(f(f(231))))}{2^n}$ 是整数的最大整数 n 是多少?

(iii)从整数 x 出发,连续进行操作 f 和 g 共计5次,得到8 080,请求出 x 的所有可能的取值(两种操作不一定全都使用).

(iv)从整数 x 出发,连续进行操作 f,g,h 共计5次,得到8 080,请求出 x 的所有可能的取值(三种操作不一定全都使用).

Ⅱ. 只写出答案即可.

(i) 请计算 $\frac{1}{21}\times\left(\frac{7}{3}+\frac{3}{7}\right)+\frac{1}{51}\times\left(\frac{17}{3}-\frac{3}{17}\right)-\frac{1}{119}\times\left(\frac{17}{7}-\frac{7}{17}\right)$ 的值.

(ii)有三个直角三角形甲、乙、丙. 甲的两条直角边的长度分别为1和2,乙的两条直角边的长度分别为1和4,丙的两条直角边的长度都等于3.

记甲、乙、丙的斜边的长度分别为 a,b,c,请求出三条边的长

度分别为 a,b,c 的三角形的面积.

(iii) A,B,C,D,E 五个人进行了一场争论:

A:我们都是老实人.

B:不,我们中只有一个人是骗子.

C:非也,我们中只有两个人是骗子.

D:包括我在内,五个人都是骗子.

E:除我之外的四个人都是骗子.

请问哪些人是骗子?(用 $A \sim E$ 来表示)

(iv)在 $\triangle ABC$ 中,$\angle BAC = 54°$,$\angle ACB = 42°$. 记 CA 的长度为 b,AB 的长度为 c.

请求出边长分别为 b,c,c 的等腰三角形的最大内角.

(v) a,b,c 都是正整数. 请求出 $a^{(b^c)} = 4^{(4^4)}$ $(b \neq 1)$ 的 (a,b,c) 的组数.

Ⅲ. 如图 1 所示,1×1 的方格组成了 7×7 的方格表,再加上 S 和 G 这两个方格. 点 P 从 S 的中心向 G 的中心运动,每个方格恰好经过一次. 另外,点 P 只能水平运动或竖直运动,到达方格的中心时才可以拐弯.

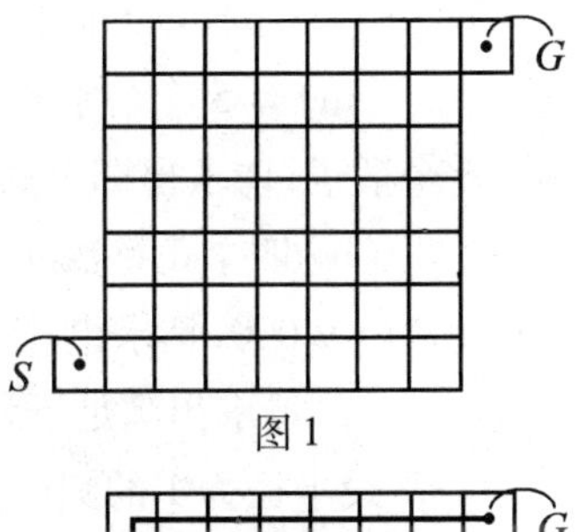

图 1

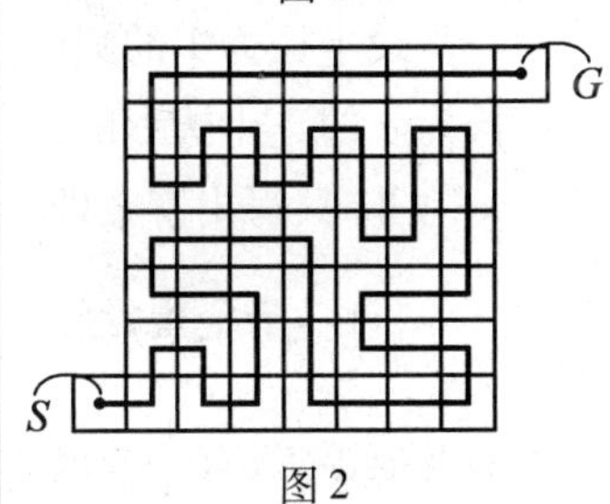

图 2

将点 P 的轨迹画出来,将"里面没有拐弯"的方格(除了 S 和 G 以外)的数目记为 X. 例如,以图 2 的方式移动时,$X = 21$.

(i)请找出一种移动方法,使得 $X = 7$,填入解答栏;

(ii)请证明 X 一定是奇数;

(iii)请证明 X 的最小值为 7.

日本第8届广中杯预赛试题(2007年)

Ⅰ.只写出答案即可.

(i)在不大于13 000的正整数中,13的倍数之和为S;在不大于14 000的正整数中,14的倍数之和为T.请比较$14S$和$13T$的大小,并在以下(A),(B),(C)中选出正确的一个.

(A)$14S>13T$　　(B)$14S=13T$　　(C)$14S<13T$

(ii)$\triangle ABC$的三条边长分别为$BC=4$,$CA=5$,$AB=6$,其内切圆为圆O,边BC,CA,AB上的切点分别为D,E,F.请问:$\triangle DEF$的面积等于$\triangle ABC$的面积的多少倍?

(iii)有5个公平骰子,掷出1到6点的概率均相等.掷这样的5个骰子,请求出掷出的点数之和不小于18的概率.

(iv)四个正整数a,b,c,d满足$a\times b=12\ 600$,$a\times c=14\ 400$,$a\times d=9\ 000$.请求出$c\times d$可能取到的最小值.

(v)请求出满足下列条件的一组整数(x,y):

设半径为1的圆的内接正五边形的边长为a,面积为b,则边长为a的正十边形的面积为$xa+yb$.

Ⅱ.只写出答案即可.

(i)一个金蛋,经过一天后,有$\frac{1}{3}$的概率孵出小金鸡;有$\frac{1}{3}$的概率变成银蛋;有$\frac{1}{3}$的概率仍是金蛋.

一个银蛋,经过一天后,有$\frac{1}{3}$的概率孵出小银鸡;有$\frac{1}{3}$的概率变成金蛋;有$\frac{1}{3}$的概率仍是银蛋.

杰克从地主那里买来一个金蛋,请求出金蛋被正常孵出小金鸡的概率.

(ii)鹤、乌龟、甲虫各有若干只(都有至少1只).

它们的脚的数目之和为5的倍数,头的数目之和为7的倍数,而这两个数之和为两位数,且为9的倍数.

鹤、乌龟、甲虫的数目互不相同,请求出鹤的数目的所有可能取值.

(参考:每只鹤有2只脚,每只乌龟有4只脚,每只甲虫有6只脚.)

(iii)如图 1 所示,7 块宝石用 12 段链条①~⑫连接起来. 从这 12 段链条中选择 6 段卸下来,使得 7 块宝石呈一长链排列,请问有多少种选择方法. 例如,如果卸掉⑥~⑪的链条,就形成了如图 2 所示的状态,这是一种可能地卸下方式.

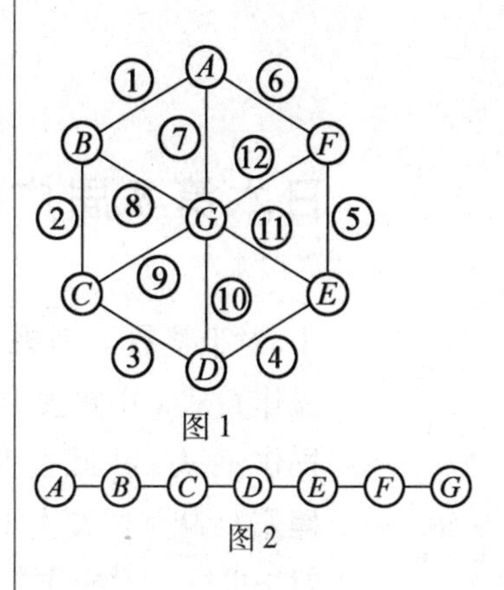

图 1

图 2

(iv)六边形 $ABCDEF$ 的六个内角都等于 120°,周长为 21. 另外,各边的长度都是整数,且任何两边的长度都不相等. 此时,请问六边形 $ABCDEF$ 的面积等于 $\triangle ACE$ 面积的多少倍?

(v)请找出一组整数(a,b,c,d,e),满足下列所有条件

$$41^2+42^2+43^2=a^2+b^2+c^2+d^2+e^2$$

$$a+b+c+d+e=42\times 3$$

$$a<b<c<d<e$$

注意:如果答错此题,要扣 3 分(不答不扣分).

如有必要,可参考下列等式

$$3^2+4^2+5^2=1^2+2^2+3^2+6^2$$

$$5^2+6^2+7^2=2^2+3^2+4^2+9^2$$

$$7^2+8^2+9^2=3^2+4^2+5^2+12^2$$

Ⅲ. 若干个点 $A,B,C,\cdots$ 的"凸包"是指在点 $A,B,C,\cdots$ 上钉钉子,在外侧用橡皮筋绕一圈,所构成的凸多边形.

例如,图 3 中的 5 个点的凸包是实现围成的四边形,坐标平面 xOy 上的 5 个点(0,0),(10,0),(0,10),(1,1),(2,2)凸包是以(0,0),(10,0),(0,10)为顶点的三角形.

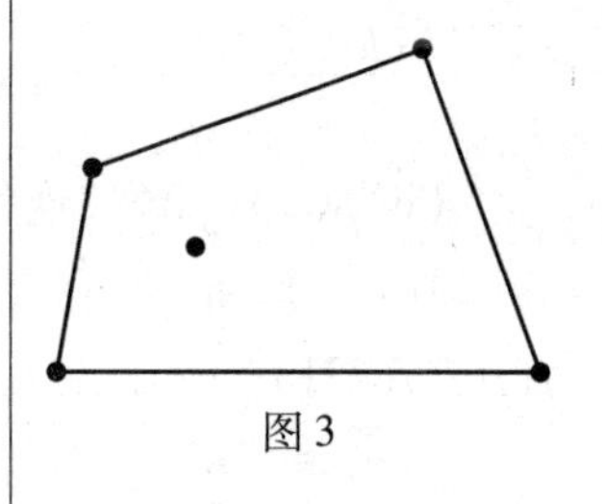

图 3

现在,在坐标平面 xOy 上取 10 个点

$A(1,1)$,$B(1,2)$,$C(2,3)$,$D(3,5)$,$E(5,8)$

$F(8,13)$,$G(13,21)$,$H(21,34)$,$I(34,55)$,$J(55,89)$

请回答下面的问题(需要写出答案和思考过程):

(i)找出 B,D,F,H,J 这五个点的凸包的所有顶点;

(ii)找出 A,B,C,D,E,F,G,H,I,J 这十个点的凸包的所有顶点.

日本第8届广中杯决赛试题(2007年)

Ⅰ.对于整数x,考虑下面的操作.

操作f:从x中减去16,乘以2,然后加上16;

操作g:从x中减去16,乘以7,然后加上16;

操作h:从x中减去16,平方,然后加上16;

对x进行一次操作f后得到的结果记为$f(x)$,类似地可定义$g(x)$和$h(x)$.

例如,$f(2)=(2-16)\times 2+16=-12$;$h(15)=(15-16)^2+16=17$;

$f(g(15))=f((15-16)\times 7+16)=f(9)=(9-16)\times 2+16=2$.

下面的问题,只需回答出结果即可.

(i)从18出发,连续进行5次操作h,得到的数记为$h(h(h(h(h(18)))))$,请问它最多可以被2的几次幂整除.也即$\frac{h(h(h(h(h(18)))))}{2^m}$是整数的最大整数$m$是多少?

(ii)从231出发,连续进行4次操作f,得到的数记为$f(f(f(f(231))))$,请问它最多可以被2的几次幂整除.也即$\frac{f(f(f(f(231))))}{2^n}$是整数的最大整数$n$是多少?

(iii)从整数x出发,连续进行操作f和g共计5次,得到8 080,请求出x的所有可能的取值(两种操作不一定全都使用).

(iv)从整数x出发,连续进行操作f,g,h共计5次,得到8 080,请求出x的所有可能的取值(三种操作不一定全都使用).

Ⅱ.如图1所示,两个同样大小的正方体朝向相同,且恰有一条公共棱,这样的两个正方体称为"斜接"的.

另外,对于n个相同大小的正方体$A_1,A_2,\cdots,A_n$,如果A_1只和A_n,A_2斜接,A_2只和A_1,A_3斜接,$\cdots$,A_n只和A_{n-1},A_1斜接,就将这n个正方体称为一个"圈".例如,图2中的4个正方体就形成一个圈.

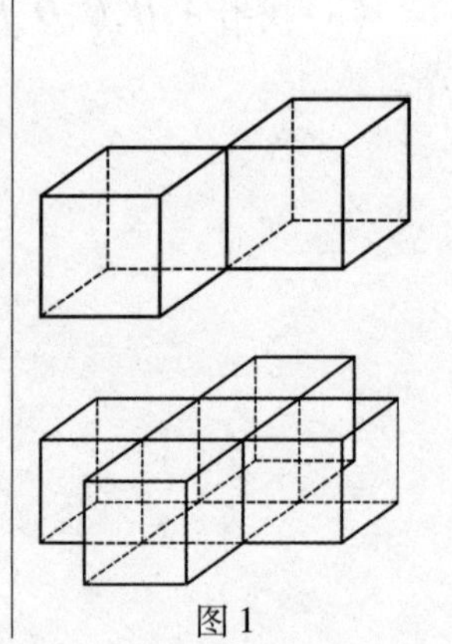

图1

请回答下列问题:

(i)①3个相同大小的正方体能否组成一个圈?

②5 个相同大小的正方体能否组成一个圈?

③13 个相同大小的正方体能否组成一个圈?

④200 个相同大小的正方体能否组成一个圈?

(ii)请问:将棱长为 1 的 6 个正方体组成一个圈,共有多少种组成方法?(翻转、旋转后相同的视为同一种方法,若不能组成圈请填“0 种”)

Ⅲ.已知 $\sqrt{17}$ 的小数点后 100 位为 6.设 $\sqrt{17}$ 的小数点后第 1 ~ 99 位数字(共 99 个数字)中,不小于 5 的数字的个数为 x;在 $2\sqrt{17}$ 的小数点后第 1 ~ 99 位数字(共 99 个数字)中,是偶数(包括 0)的数字的个数为 y.

请求出 $x+y$ 的值,并写出思考过程.

Ⅳ.在 $\triangle ABC$ 中,$\angle BAC=54°$,$\angle ACB=42°$.记 BC 的长度为 a,CA 的长度为 b,AB 的长度为 c,请回答下面的问题,并写出思考过程.

(i)请求出边长分别为 $b,b,a+c$ 的等腰三角形的三个内角;

(ii)请求出边长分别为 c,c,b 的等腰三角形的三个内角;

(iii)在 $\triangle XYZ$ 中,$XY=XZ$,$\angle YXZ=48°$,$YZ=a$,请证明 $XY=XZ=b$.

Ⅴ.有一块 7 × 10 的长方形木板,如图 2 所示:将其用等间隔的线分成 7 × 10 个正方形.如图 3 所示:将木板像棋盘那样染色.

如果从木板中切去两个黑色的方格(见图 4 所示的方法)(笔者注:在图 4 中的白色十字架的中心就是切去的一个黑色方格)后,剩余的部分就不能用 34 块 1 × 2 的长方形骨牌恰好将其完全覆盖.这是因为:每块 1 × 2 的骨牌只能覆盖一个白色的方格,而共有 35 个白色的方格.

如果从木板中切去一个黑色的方格和一个白色的方格(图 5 所示是这样的一种方法)(笔者注:在图 5 中从上到下第 2 行、从左到右第 5 列处的白色方格的切去了的)后,剩余的部分就一定恰好可以用 34 块 1 × 2 的长方形骨牌完全覆盖.请简单说明理由.

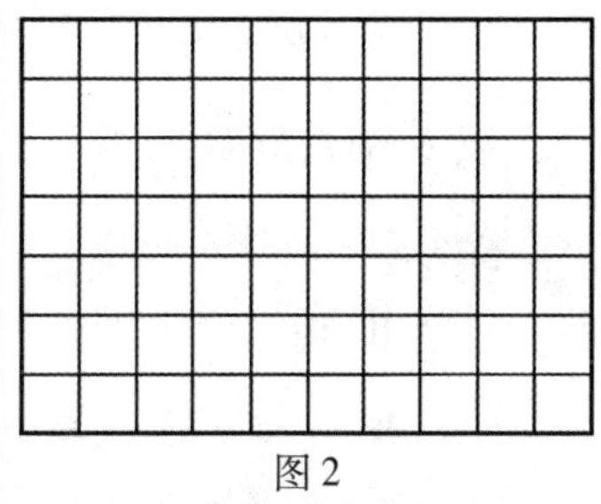
图 2

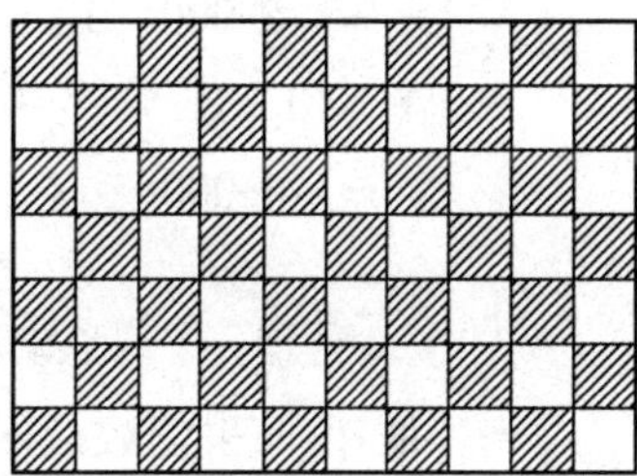
图 3

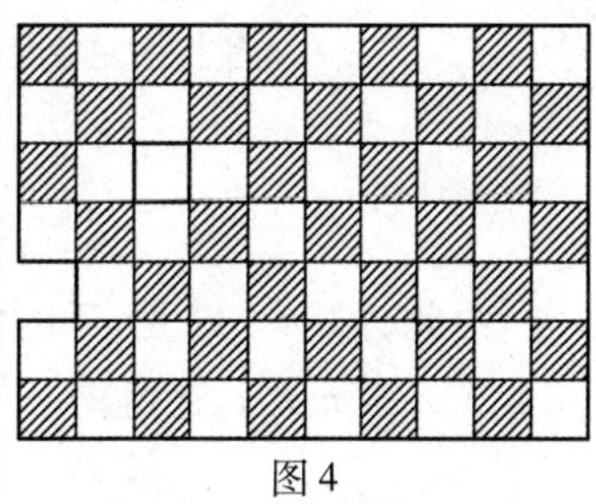
图 4

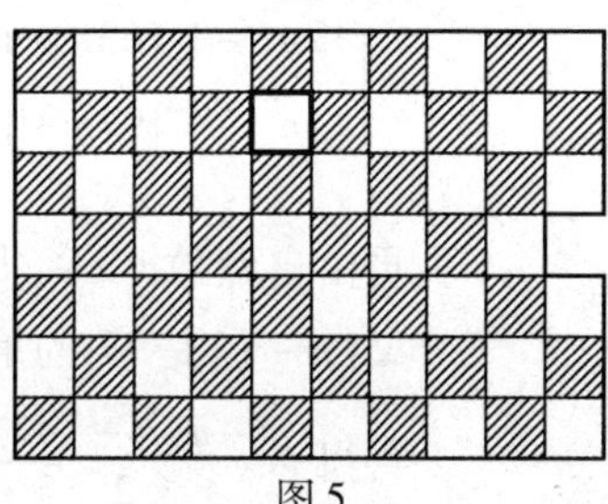
图 5

日本第1届广中杯预赛试题 参考答案(2000年)

Ⅰ. 如图1(即原题中的图1)所示

$$\angle BDC = 180° - \frac{2}{3}(\angle B + \angle C)$$

$$= 180° - \frac{2}{3}(180° - 60°) = 100°$$

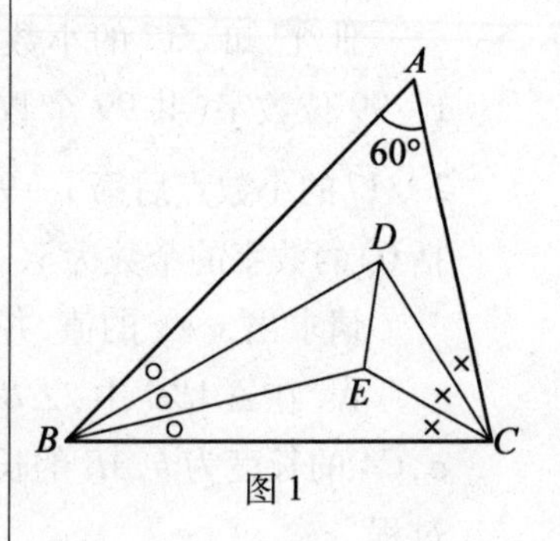

图1

在$\triangle BCD$中,点E是$\angle CBD$,$\angle BCD$的角平分线的交点,所以点E是$\triangle BCD$的内心,得DE平分$\angle BDC$,所以$\angle BDE = \frac{100°}{2} = 50°$.

Ⅱ. 由

$$M = (\sqrt{2}-1) + (\sqrt{3}-\sqrt{2}) + (\sqrt{4}-\sqrt{3}) + \cdots + (\sqrt{2\,000} - \sqrt{1\,999})$$
$$= \sqrt{2\,000} - 1$$
$$N = (1-2) + (3-4) + (5-6) + \cdots + (1\,999 - 2\,000)$$
$$= -1\,000$$

得
$$\frac{N}{(M+1)^2} = \frac{-1\,000}{2\,000} = -\frac{1}{2}$$

Ⅲ. 设擦去的数是m($m \leqslant n$,$n \geqslant 2$,m是正整数),得

$$\frac{(1+2+3+\cdots+n)-m}{n-1} = \frac{\frac{n(n+1)}{2} - m}{n-1} = \frac{590}{17}$$

$$m = \frac{n(n+1)}{2} - \frac{590}{17}(n-1)$$

由此,得$(n-1)$是17的倍数.

由$m \leqslant n$,还可得

$$\begin{cases} 17n^2 - 1\,163n + 1\,146 \geqslant 0 \\ 17n^2 - 1\,197n + 1\,180 \leqslant 0 \end{cases},即\begin{cases} (n-1)\left(n - 67\frac{7}{17}\right) \geqslant 0 \\ (n-1)\left(n - 69\frac{7}{17}\right) \leqslant 0 \end{cases}$$

再由自然数$n \geqslant 2$,得$n = 68$或69.

又$(n-1)$是17的倍数,所以$n = 69$.

再得$m = \frac{n(n+1)}{2} - \frac{590}{17}(n-1) = 55$.

12	1	18
9	6	4
2	36	3

图2

Ⅳ. 如图2所示(将图翻转、旋转、行列互换后得到的也都是正确答案).

Ⅴ. 设$2^{2\,000}=x$,得$\lg x=2\,000\lg 2=602.0\cdots$,$10^{602}<x<10^{603}$,即$2^{2\,000}$是603位数.

可得$\lg 5=1-\lg 2=0.698\,9\cdots$. 设$5^{2\,000}=y$,得$\lg y=2\,000\lg 5=1\,397.\cdots$,$10^{1\,397}<y<10^{1\,398}$,即$5^{2\,000}$是1 398位数.

所以$2^{2\,000}$◆$5^{2\,000}=603+1\,398=2\,001$.

Ⅵ. 由n^3(n是正整数)是四位数,可得$n=10,11,12,\cdots$或21.

第1次组成的长方体的体积是$n^3-(n-2)^3=2[3(n-1)^2+1]$,由题设知$3(n-1)^2+1$能表示成两个奇质数的积,所以$n$是奇数,即$n=11,13,15,17,19$或21.

可得表1:

表1

n	$3(n-1)^2+1$	把$3(n-1)^2+1$分解质因数
11	301	7×43
13	433	433
15	589	19×31
17	769	769
19	973	7×139
21	1 201	1 201

所以$n=11$或15或19.

第3次组成的长方体的体积是$(n-4)^3-(n-6)^3=2[3(n-5)^2+1]$,由题设知$3(n-5)^2+1$能表示成两个奇质数的积.

可得表2:

表2

n	$3(n-5)^2+1$	把$3(n-5)^2+1$分解质因数
11	109	109
15	301	7×43
19	589	19×31

所以$n=15$或19.

Ⅶ. 由题设知,凸11边形的内角为若干个正三角形的内角和若干个正方形的内角之和,进而可得此凸11边形的内角为60°,

90°,120°或150°,可设这四种角的个数分别为 x,y,z 和 $11-x-y-z$,由多边形的内角和定理,得

$$60°x+90°y+120°z+150°(11-x-y-z)=180°(11-2)$$

$$3x+2y+z=1 \quad (x,y,z\text{ 是自然数})$$

$$x=y=0,z=1$$

即此凸11边形的内角中1个为120°,10个为150°.

由此可画出此凸11边形如图3所示.

所以本题的答案是:

(i)13 cm.

(ii)正三角形和正方形的数目分别是13和7.

Ⅷ. 如图4所示,联结 AC,BD.

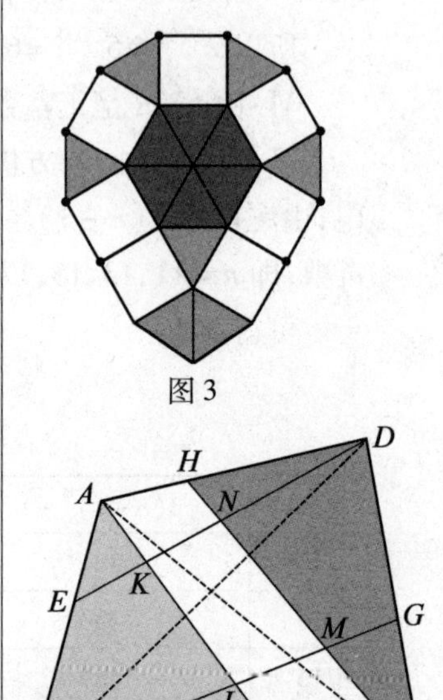

图3

图4

设 $\frac{AE}{BE}=\frac{CF}{BF}=\frac{CG}{DG}=\frac{AH}{DH}=k$,得

$$S_{\triangle CDH}=\frac{1}{k+1}S_{\triangle ACD},S_{\triangle ABF}=\frac{1}{k+1}S_{\triangle ABC}$$

所以 $$S_{\triangle CDH}+S_{\triangle ABF}=\frac{1}{k+1}S_{\text{四边形}ABCD}$$

还可得

$$S_{\triangle ADE}=\frac{k}{k+1}S_{\triangle ABD},S_{\triangle BCG}=\frac{k}{k+1}S_{\triangle BCD}$$

所以 $$S_{\triangle ADE}+S_{\triangle BCG}=\frac{k}{k+1}S_{\text{四边形}ABCD}$$

所以 $$S_{\triangle ADE}+S_{\triangle BCG}+S_{\triangle CDH}+S_{\triangle ABF}=S_{\text{四边形}ABCD}$$

由此可得欲证结论成立.

日本第 1 届广中杯决赛试题参考答案(2000 年)

Ⅰ.所给直线即

$$a(3x-y)+(2x+y-1)=0$$

令

$$3x-y=2x+y-1=0$$

得$(x,y)=\left(\frac{1}{5},\frac{3}{5}\right)$.即所给直线过定点$A\left(\frac{1}{5},\frac{3}{5}\right)$.

当 $a=1$ 时,所给直线即 $x=\frac{1}{5}$,满足题意.

当 $a\neq 1$ 时,所给直线的斜率 $k=\frac{3a+2}{a-1}$,又所给直线不过坐标原点 O,直线 OA 的斜率是 3,所以所给直线通过第二象限即 $k=\frac{3a+2}{a-1}<3$,也即 $a<1$.所以此时所给直线不通过第二象限即 $a>1$.

所以所求 a 的取值范围是 $a\geqslant 1$.

Ⅱ.先由分类讨论去掉绝对值符号,可得

$$|2|2|2x-1|-1|-1|=\begin{cases}|2|4x-1|-1| & \left(0<x\leqslant\frac{1}{2}\right)\\ |2|4x-3|-1| & \left(\frac{1}{2}<x<1\right)\end{cases}$$

$$=\begin{cases}|8x-1| & \left(0<x\leqslant\frac{1}{4}\right)\\ |8x-3| & \left(\frac{1}{4}<x\leqslant\frac{1}{2}\right)\\ |8x-5| & \left(\frac{1}{2}<x\leqslant\frac{3}{4}\right)\\ |8x-7| & \left(\frac{3}{4}<x<1\right)\end{cases}$$

$$=\begin{cases}1-8x & \left(0<x\leqslant\frac{1}{8}\right)\\ 8x-1 & \left(\frac{1}{8}<x\leqslant\frac{1}{4}\right)\\ 3-8x & \left(\frac{1}{4}<x\leqslant\frac{3}{8}\right)\\ 8x-3 & \left(\frac{3}{8}<x\leqslant\frac{1}{2}\right)\\ 5-8x & \left(\frac{1}{2}<x\leqslant\frac{5}{8}\right)\\ 8x-5 & \left(\frac{5}{8}<x\leqslant\frac{3}{4}\right)\\ 7-8x & \left(\frac{3}{4}<x\leqslant\frac{7}{8}\right)\\ 8x-7 & \left(\frac{7}{8}<x<1\right)\end{cases}$$

再由分类讨论来求解原方程:

(1)当$0<x\leqslant\frac{1}{8}$时,原方程即$1-8x=x^2$,得解$x=\sqrt{17}-4$.

(2)当$\frac{1}{8}<x\leqslant\frac{1}{4}$时,原方程即$8x-1=x^2$,得解$x=4-\sqrt{15}$.

(3)当$\frac{1}{4}<x\leqslant\frac{3}{8}$时,原方程即$3-8x=x^2$,得解$x=\sqrt{19}-4$.

(4)当$\frac{3}{8}<x\leqslant\frac{1}{2}$时,原方程即$8x-3=x^2$,得解$x=4-\sqrt{13}$.

(5)当$\frac{1}{2}<x\leqslant\frac{5}{8}$时,原方程即$5-8x=x^2$,得解$x=\sqrt{21}-4$.

(6)当$\frac{5}{8}<x\leqslant\frac{3}{4}$时,原方程即$8x-5=x^2$,得解$x=4-\sqrt{11}$.

(7)当$\frac{3}{4}<x\leqslant\frac{7}{8}$时,原方程即$7-8x=x^2$,得解$x=\sqrt{23}-4$.

(8)当$\frac{7}{8}<x<1$时,原方程即$8x-7=x^2$,无解.

所以原方程解的个数是7.

Ⅲ. 证法1 我们证明一般的情形

$$1^2+2^2+3^2+\cdots+n^2=n\cdot1+(n-1)\cdot3+(n-2)\cdot5+\cdots+3\cdot(2n-5)+2\cdot(2n-3)+1\cdot(2n-1)$$

右边即数列$\{a_k\}$($a_k=(n+1-k)(2k-1)=(n+1)(2k-1)-2k^2+k$)的前$n$项和.由

$$1^2+2^2+3^2+\cdots+n^2=\frac{1}{6}n(n+1)(2n+1)$$

得

$$n\cdot 1+(n-1)\cdot 3+(n-2)\cdot 5+\cdots+3\cdot(2n-5)+2\cdot(2n-3)+1\cdot(2n-1)$$
$$=(n+1)n^2-2\cdot\frac{1}{6}n(n+1)(2n+1)+\frac{1}{2}n(n+1)$$
$$=\frac{1}{6}n(n+1)[6n-2(2n+1)+3]$$
$$=\frac{1}{6}n(n+1)(2n+1)$$

即欲证结论成立.

证法 2 考虑如何计算图 1 中棱长为 1 cm 的正方体的总数.

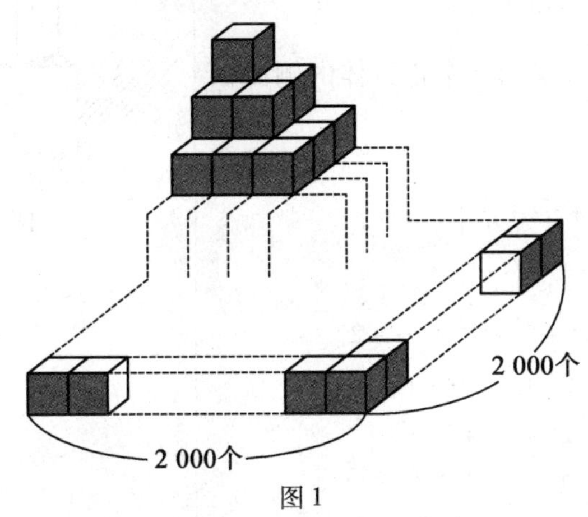

图 1

把图 1 中各层正方体的数目相加,得正方体的总数为 $1^2+2^2+3^2+\cdots+1\ 998^2+1\ 999^2+2\ 000^2$.

可把图 1 看成 2 000 个柱体,其底面积依次是 1,3,5,…,3 999(3 999 = 2 × 2 000 − 1),如图 2 所示.

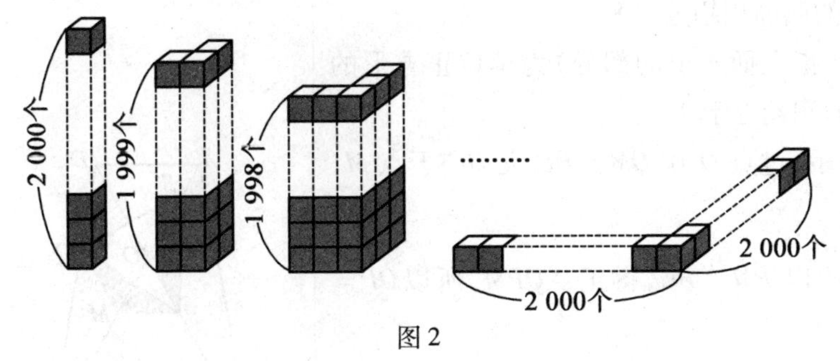

图 2

得正方体的总数为 $2\ 000\times 1+1\ 999\times 3+1\ 998\times 5+\cdots+3\times 3\ 995+2\times 3\ 997+1\times 3\ 999$.

所以欲证等式成立.

Ⅳ. 如图 3(即原题中的图 1)所示,圆形木板的圆心在边长为 16 的正六边形木板上,且该正六边形与图 3 中的正六边形中心重合、对应边平行.

因为该正六边形的周长为 $16\times 6=96$,所有圆形木板的直径均为2,所以最多可以放$\frac{96}{2}$即48块圆形木板(且此时相邻的两块圆形木板均相切,从图3中的正六边形的任何一点开始摆放圆形木板均可).

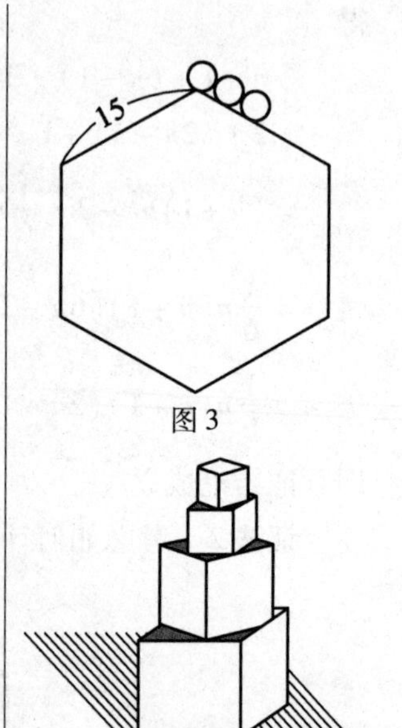

图3

图4

Ⅴ. 如图4(即原题中的图2)所示,设塔共有 n 层,从下到上依次为第 $1,2,3,\cdots,n$ 层.

设从下到上第 $k(k=1,2,3,\cdots,n-1)$ 个正方体的棱长为 a_k,则第 $k+1$ 个正方体的棱长为$\frac{a_k}{2}\cdot\sqrt{2}=\frac{a_k}{\sqrt{2}}$,所以第 $k+1$ 个正方体的侧面积是第 k 个正方体侧面积的$\frac{1}{2}$. 又第1个正方体的侧面积是4,所以塔的侧面积为

$$4\left(1+\frac{1}{2}+\frac{1}{2^2}+\frac{1}{2^3}+\cdots+\frac{1}{2^n}\right)$$

可得

$$\begin{aligned}1+1+2+2^2+2^3+\cdots+2^n &=2+2+2^2+2^3+\cdots+2^n\\&=2^2+2^2+2^3+\cdots+2^n\\&=2^3+2^3+\cdots+2^n=\cdots\\&=2^n+2^n=2^{n+1}\end{aligned}$$

所以

$$2^n+2^{n-1}+2^{n-2}+\cdots+2^2+2+1=2^{n+1}-1 \qquad (1)$$

把式(1)两边都除以 2^n 后,得

$$1+\frac{1}{2}+\frac{1}{2^2}+\frac{1}{2^3}+\cdots+\frac{1}{2^n}=2-\frac{1}{2^n}$$

所以,当 n 无限增加时,塔的侧面积趋近于8.

又塔的最上层表面积(指上面露出的部分)为单位正方形的面积,即1,所以塔的总表面积趋近于9.

Ⅵ. **证法1** 如图5所示,过点 Q 作 $QM\parallel BD$ 交 OC 于点 M,联结 PM.

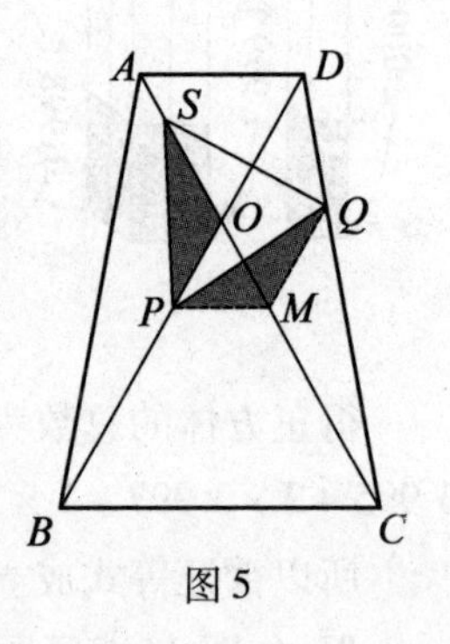

图5

可得$\frac{DQ}{QC}=\frac{OM}{MC}=\frac{OP}{PB}$,所以 $PM\parallel BC$,得正$\triangle OPM$,所以 $OP=MP$.

易得 $\angle OMP=60^\circ$, $\angle OMQ=180^\circ-\angle COD=60^\circ$, 所以 $\angle QMP=120^\circ$. 得$\angle SOP=\angle QMP$.

还可得$\frac{QM}{OD}=\frac{CQ}{CD}=\frac{CM}{CO}=\frac{BP}{BO}=\frac{OS}{OA}=\frac{OS}{OD}$,所以 $SO=QM$. 所以$\triangle SOP\cong\triangle QMP$(边角边),得 $PS=PQ$,$\angle SPO=\angle QPM$.

又$\angle SPQ = \angle SPO + \angle OPQ = \angle QPM + \angle OPQ = \angle OPM = 60°$,所以$\triangle PQS$为正三角形.

证法 2 如图 6 所示,过点 S 作 $SK /\!/ AD$ 交 OD 于点 K,联结 KQ.

可证得$\triangle SKQ \cong \triangle SOP$,进而也可获证.

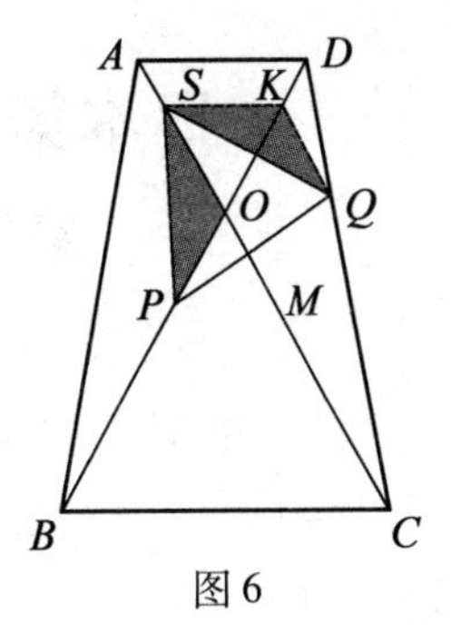

图 6

日本第2届广中杯预赛试题参考答案(2001年)

Ⅰ. 可得 $5^2<2^5<4^3<3^4$(即 $25<32<64<81$),所以 $(5^2)^{11}<(2^5)^{11}<(4^3)^{11}<(3^4)^{11}$,即 $5^{22}<2^{55}<4^{33}<3^{44}$,得(d)<(a)<(c)<(b).

Ⅱ. 由 $\sqrt{1\,994\times1\,992+1}=\sqrt{(1\,993+1)(1\,993-1)+1}=1\,993$,$\sqrt{1\,995\times1\,993+1}=1\,994,\cdots$,可得原式 $\sqrt{2\,001\times1\,999+1}=2\,000$.

Ⅲ. **解法1** 因为 $13\times154=2\,002$,所以当 $k=1,2,3,\cdots,2\,000$ 时,可得 $k<\frac{13\times154k}{2\,001}<k+1$,即 $\left[\frac{13\times154k}{2\,001}\right]=k$.

所以当 n 是正整数且 $n\leqslant153$ 时,$\left[\frac{13n}{2\,001}\right]=0$;当 n 是正整数且 $154k\leqslant n<154(k+1)$ $(k=1,2,3,\cdots,11)$ 时,$\left[\frac{13n}{2\,001}\right]=k$;当 n 是正整数且 $1\,848\leqslant n<2\,000$ 时,$\left[\frac{13n}{2\,001}\right]=12$.

得原式 $0\times153+(1+2+3+\cdots+11)\times154+12\times153=12\,000$.

解法2 设 n 是正整数,k 是自然数,得

$$\left[\frac{13n}{2\,001}\right]=\left[\frac{n}{153.\dot{9}23\,07\dot{6}}\right]=k\Leftrightarrow k\leqslant\frac{n}{153.\dot{9}23\,07\dot{6}}<k+1$$

$$\Leftrightarrow153.\dot{9}23\,07\dot{6}k\leqslant n<153.\dot{9}23\,07\dot{6}(k+1)$$

又 $\left[\frac{13\times2\,000}{2\,001}\right]=12$,所以当 $n\leqslant153$ 时,$\left[\frac{13n}{2\,001}\right]=0$;当 $154k\leqslant n<154(k+1)$ $(k=1,2,3,\cdots,11)$ 时,$\left[\frac{13n}{2\,001}\right]=k$;当 $1\,848\leqslant n<2\,000$ 时,$\left[\frac{13n}{2\,001}\right]=12$. 得

$$\begin{aligned}原式&=0\times153+(1+2+3+\cdots+11)\times154+12\times153\\&=12\,000\end{aligned}$$

Ⅳ. 可设 $a=x^2$($x=1,2$ 或 3),$\overline{bcd}=y^2$($y=10,11,12,\cdots$或

31), $\overline{abcd}=z^2$ ($z=32,33,34,\cdots$ 或 99), 得 $1\ 000x^2+y^2=z^2$, 即 $\frac{z+y}{2}\times\frac{z-y}{2}=2\times5^3x^2$ ($\frac{z+y}{2},\frac{z-y}{2}$ 均是正整数, 且 $\frac{z+y}{2}>\frac{z-y}{2}$, $\frac{z-y}{2}\leqslant44,\frac{z+y}{2}\leqslant65$).

当 $x=1$ 时, 得 $\frac{z+y}{2}\times\frac{z-y}{2}=2\times5^3$, 所以 $\left(\frac{z-y}{2},\frac{z+y}{2}\right)=(5,2\times5^2)$ 或 $(2\times5,5^2)$, 解得 $(y,z)=(15,35)$, 此时 $\overline{abcd}=1\ 225$.

当 $x=2$ 时, 得 $\frac{z+y}{2}\times\frac{z-y}{2}=2^3\times5^3$, 所以 $\left(\frac{z-y}{2},\frac{z+y}{2}\right)=(2^2\times5,2\times5^2)$ 或 $(5^2,2^3\times5)$, 解得 $(y,z)=(30,70),(15,65)$, 此时 $\overline{abcd}=4\ 900,4\ 225$.

当 $x=3$ 时, 得 $\frac{z+y}{2}\times\frac{z-y}{2}=2\times3^2\times5^3$. 由 $\frac{z+y}{2}>\frac{z-y}{2}$ 可得 $\frac{z-y}{2}=1,2,3,5,6,9,10,15,18,25,30$ 或 45; 由 $\frac{z+y}{2}\leqslant65$, 得 $\frac{z-y}{2}\geqslant35$, 所以 $\frac{z-y}{2}\leqslant45$. 这又与 $\frac{z-y}{2}\leqslant44$ 矛盾! 所以此时无解.

综上所述, 可得所求答案为 1 225, 4 225 或 4 900.

Ⅴ. 如图 1(即原题图 1)所示, 上、下两行的数的和 $a+b+c+g+h+i$ 为太郎的得分, 左、右两列数的和 $a+d+g+c+f+i$ 为一郎的得分, 得分高的人获胜, 因为 a,c,g,i 四个地方是太郎和一郎公有的, 太郎首先填数, 要想一定取胜的话, 就在一郎有而自己没有的 d 或 f 处首先放入 1, 即可得解.

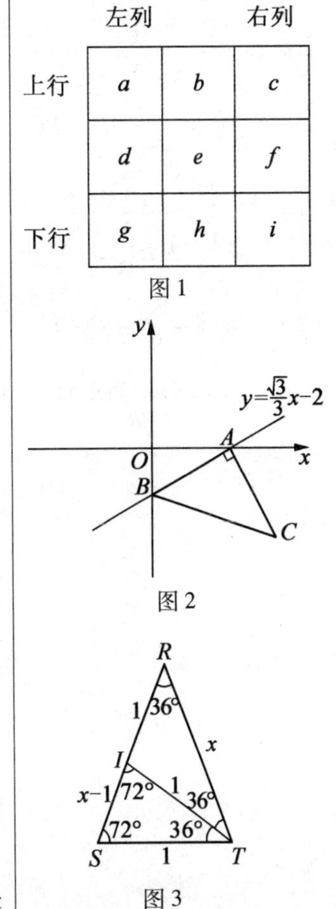

	左列		右列
上行	a	b	c
	d	e	f
下行	g	h	i

图 1

图 2

图 3

Ⅵ. 如图 2(即原题图 2)所示, 可得 $A(2\sqrt{3},0)$, $B(0,-2)$, 所以 $|CA|=|BA|=4$. 再由 $S_{\triangle ABP}=S_{\triangle ABC}$ 可得点 $P(t,-1)$ 到直线 $AB:y=\frac{\sqrt{3}}{3}x-2$ 的距离是 4, 即

$$\frac{\left|\frac{\sqrt{3}}{3}t+1-2\right|}{\sqrt{\left(\frac{\sqrt{3}}{3}\right)^2+1^2}}=4$$

$$t=\sqrt{3}\pm8$$

又点 P 在第三象限, 所以 $t=\sqrt{3}-8$.

Ⅶ. 由正弦定理可得 $AC=2\sin54^\circ$. 下面用图 3 来求 $\sin54^\circ$ 的值.

如图 3 所示, 在 $\triangle RST$ 中, $RS=RT=x$, $ST=1$, $\angle A=36^\circ$, TI 是

$\triangle RST$的一条角平分线，可得$\triangle RST \backsim \triangle TSI$，所以$\frac{RS}{TS}=\frac{ST}{SI}$，即$\frac{x}{1}=\frac{1}{1-x}$，$x=\frac{1+\sqrt{5}}{2}$.

在$\triangle RST$中，由余弦定理可求得$\cos\angle A=\cos 36°=\frac{1+\sqrt{5}}{4}$.

所以$AC=2\sin 54°=\frac{1+\sqrt{5}}{2}$.

Ⅷ. 在图4(即原题的图4)中，可得$DE \underline{\parallel} BG$，所以$BE /\!/ GD$；还可得$AE \underline{\parallel} GC$，所以$AG /\!/ EC$. 得矩形$EFGH$.

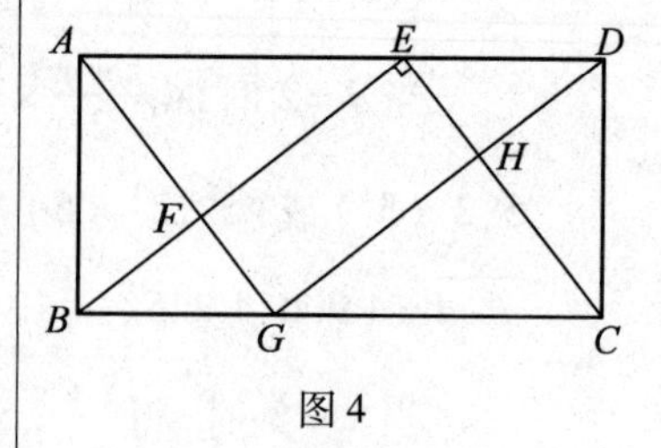

图4

设$AB=CD=1$，$BC=k$，$DE=x$，$GC=k-x$.

还可得DH是$\mathrm{Rt}\triangle CDE$斜边上的高. 可求得$DH=\frac{x}{\sqrt{x^2+1}}$，$EH=\frac{x^2}{\sqrt{x^2+1}}$，$CH=\frac{1}{\sqrt{x^2+1}}$.

再由$\triangle DHE \backsim \triangle GHC$，可求得$GH=\frac{1}{x\sqrt{x^2+1}}$，$CG=\frac{1}{x}=k\quad x$，$k=x+\frac{1}{x}$.

所以$S_2=AB\cdot BC=k=x+\frac{1}{x}$，$S_1=GH\cdot EH=\frac{1}{x\sqrt{x^2+1}}\cdot\frac{x^2}{\sqrt{x^2+1}}=\frac{1}{x+\frac{1}{x}}=\frac{1}{S_2}$.

得$n=\frac{S_2}{S_1}=S_1^2=k^2$.

所以当n为正整数，且k为有理数时，k为正整数.

日本第 2 届广中杯决赛试题参考答案(2001 年)

Ⅰ. **解法 1** 当 $x>0$ 时,原式 $=\sqrt{x^2+\frac{1}{x^2}+1}-\sqrt{x^2+\frac{1}{x^2}}$.

设 $x^2+\frac{1}{x^2}=t(t\geqslant 2)$,得原式 $=\sqrt{t+1}-\sqrt{t}=\frac{1}{\sqrt{t+1}+\sqrt{t}}(t\geqslant 2)$.

从而可得此时原式的取值范围是$(0,\sqrt{3}-\sqrt{2}]$(当且仅当 $t=2$ 即 $x=1$ 时,原式取到最大值$\sqrt{3}-\sqrt{2}$).

当 $x<0$ 时,原式 $=-\frac{\sqrt{1+x^2+x^4}-\sqrt{1+x^4}}{|x|}=\sqrt{x^2+\frac{1}{x^2}}-\sqrt{x^2+\frac{1}{x^2}+1}$.

设 $x^2+\frac{1}{x^2}=s(s\geqslant 2)$,得原式 $=\sqrt{s}-\sqrt{s+1}=-\frac{1}{\sqrt{s+1}+\sqrt{s}}(s\geqslant 2)$.

从而可得此时原式的取值范围是$[\sqrt{2}-\sqrt{3},0)$(当且仅当 $s=2$ 即 $x=-1$ 时,原式取到最小值$\sqrt{2}-\sqrt{3}$).

所以原式的最大值是$\sqrt{3}-\sqrt{2}$(最小值是$\sqrt{2}-\sqrt{3}$).

解法 2 因为 $\sqrt{1+x^2+x^4}-\sqrt{1+x^4}>0$,所以当 $x>0$ 时,原式才可能取到最大值.

再同解法 1 可求得原式的最大值是$\sqrt{3}-\sqrt{2}$(当且仅当 $x=1$ 时取到).

易知所给函数是奇函数,所以原式的最小值是$\sqrt{2}-\sqrt{3}$(当且仅当 $x=-1$ 时取到).

Ⅱ. 去分母,得

$$\begin{cases}4(x+y+z)=xy+zx & (1)\\ 5(x+y+z)=xy+yz & (2)\\ 6(x+y+z)=zx+yz & (3)\end{cases}$$

把它们相加后除以 2,得

$$\frac{15}{2}(x+y+z)=xy+yz+zx$$

用此式分别减去上面的三个等式,可得

$$\begin{cases}\frac{7}{2}(x+y+z)=yz & (4)\\ \frac{5}{2}(x+y+z)=zx & (5)\\ \frac{3}{2}(x+y+z)=xy & (6)\end{cases}$$

由原方程组,知 $xyz\neq 0$.

$\frac{(5)}{(4)},\frac{(6)}{(5)}$,分别得

$$\frac{x}{y}=\frac{5}{7}=\frac{15}{21},\frac{y}{z}=\frac{3}{5}=\frac{21}{35}$$

所以可设 $x=15k,y=21k,z=35k(k\neq 0)$.

再由式(6),可求得 $k=\frac{71}{210}$,所以原方程组的解是$(x,y,z)=\left(\frac{71}{14},\frac{71}{10},\frac{71}{6}\right)$.

经检验知,原方程组的解是$(x,y,z)=\left(\frac{71}{14},\frac{71}{10},\frac{71}{6}\right)$.

Ⅲ. **证法1** 由 $1+2+\cdots+n=\frac{1}{2}n(n+1)$知,即证

$$(1^5+2^5+\cdots+n^5)+(1^7+2^7+\cdots+n^7)=\frac{1}{8}n^4(n+1)^4$$

下面用数学归纳法来证明:

当 $n=1$ 时成立:$1^5+1^7=\frac{1}{8}\cdot 1^4\cdot(1+1)^4$.

假设 $n=k$ 时成立:$(1^5+2^5+\cdots+k^5)+(1^7+2^7+\cdots+k^7)=\frac{1}{8}k^4(k+1)^4$.

由归纳假设知,欲证 $n=k+1$ 时成立,即证

$$(k+1)^5+(k+1)^7=\frac{1}{8}[(k+1)^4(k+2)^4-k^4(k+1)^4]$$

$$8[(k+1)+(k+1)^3]=(k+2)^4-k^4$$

$$8(k+1)[1+(k+1)^2]=[(k+2)-k][(k+2)+k]\cdot[(k+2)^2+k^2]$$

$$2[1+(k+1)^2]=[(k+2)^2+k^2]$$

$$2k^2+4k+4=2k^2+4k+4$$

所以 $n=k+1$ 时成立.

得欲证结论成立.

证法2 可以求得(当然也可用数学归纳法证明它们成立)

$$1+2+\cdots+n=\frac{1}{2}n(n+1)$$

$$1^5+2^5+\cdots+n^5=\frac{1}{12}n^2(n+1)^2(2n^2+2n-1)$$

$$1^7+2^7+\cdots+n^7=\frac{1}{24}n^2(n+1)^2(3n^4+6n^3-n^2-4n+2)$$

进而可以验证欲证结论成立.

注 这里再给出一个类似的等式(也可用数学归纳法获证)

$(1^3+2^3+\cdots+n^3)+3(1^5+2^5+\cdots+n^5)=4(1+2+\cdots+n)^3$

Ⅳ. 在图1(即原题的图1)中设 $BD=x$, $\angle BAD=\alpha$, $\angle BMD=3\alpha$,得 $\tan\alpha=\frac{x}{5}$, $\tan 3\alpha=x$.

再由公式 $\tan 3\alpha=\frac{3\tan\alpha-\tan^3\alpha}{1-3\tan^2\alpha}$,可求得 $x=\frac{5}{\sqrt{7}}$.

所以 $BC=2x=\frac{10}{7}\sqrt{7}$, $AB=AC=\sqrt{x^2+5^2}=\frac{10}{7}\sqrt{14}$.

得 $\triangle ABC$ 的周长为 $\frac{10}{7}(2\sqrt{14}+\sqrt{7})$.

Ⅴ. 如图2所示,延长 $O'P$ 交圆 O' 于点 A,以射线 OA 为 x 轴的正方向建立平面直角坐标系 xOy.

设 $P(x,y)$,作 $O'H'\perp x$ 轴于点 H',再作 $PH\perp x$ 轴于点 H. 由点 P 是半径 $O'A$ 的中点及垂径定理,可得 $O'\left(\frac{2}{3}x,2y\right)$.

易知点 O' 的轨迹方程是 $x^2+y^2=2^2$,所以点 P 的轨迹方程是 $\left(\frac{2}{3}x\right)^2+(2y)^2=2^2$,即 $\frac{x^2}{3^2}+\frac{y^2}{1^2}=1$.

由长半轴长是 a、短半轴长是 b 的椭圆面积是 πab,可得点 P 的轨迹所围成的图形的面积是 3π.

Ⅵ. 切面只有图3的三种情形中的截面 $DSFT$(由面面平行的性质,可得截面 $DSFT$ 是平行四边形).

在图3(a)中,$\square DSFT$ 的面积是 $2S_{\triangle DFS}=DF\cdot h_1=h_1\sqrt{a^2+b^2+c^2}$(其中 h_1 是点 S 到直线 DF 的距离),所以当且仅当 h_1 最小,即 h_1 是异面直线 CG,DF 的距离时,$\square DSFT$ 的面积最小.

因为 $CG/\!/DF$,所以异面直线 CG,DF 的距离即直线 CG 与平面 BDF 的距离,也即点 C 与直线 BD 的距离,为 $\frac{ab}{\sqrt{a^2+b^2}}$.

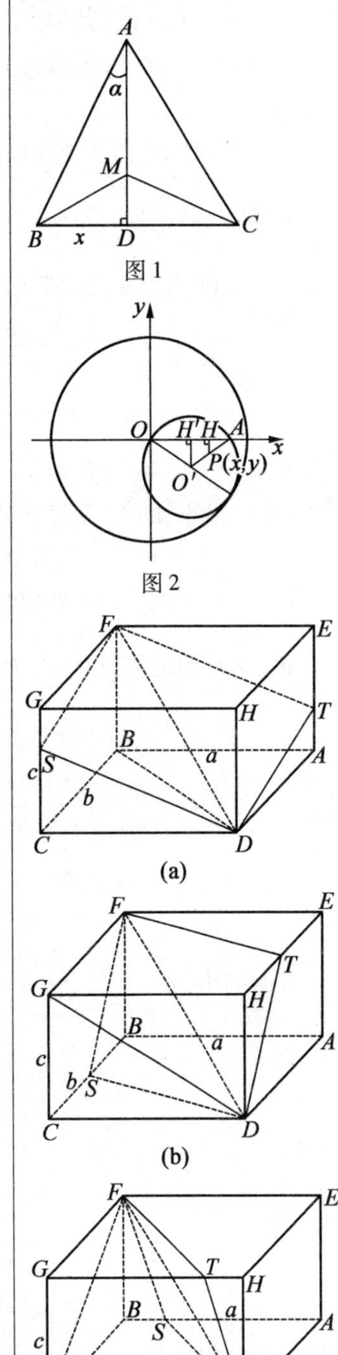

图1

图2

图3

即此时截面 $DSFT$ 面积的最小值是 $\frac{ab}{\sqrt{a^2+b^2}}\cdot\sqrt{a^2+b^2+c^2}$.

在图 3(b)中,$\square DSFT$ 的面积是 $2S_{\triangle DFS}=DF\cdot h_2=h_2\sqrt{a^2+b^2+c^2}$(其中 h_2 是点 S 到直线 DF 的距离),所以当且仅当 h_2 最小,即 h_2 是异面直线 BC,DF 的距离时,$\square DSFT$ 的面积最小.

因为 $BC /\!/ GF$,所以异面直线 BC,DF 的距离即直线 BC 与平面 DFG 的距离,也即点 C 与直线 DG 的距离,为 $\frac{ac}{\sqrt{a^2+c^2}}$.

即此时截面 $DSFT$ 面积的最小值为

$$\frac{ac}{\sqrt{a^2+c^2}}\cdot\sqrt{a^2+b^2+c^2}$$

在图 3(c)中,$\square DSFT$ 的面积是 $2S_{\triangle DFS}=DF\cdot h_3=h_3\sqrt{a^2+b^2+c^2}$(其中 h_3 是点 S 到直线 DF 的距离),所以当且仅当 h_3 最小,即 h_3 是异面直线 AB,DF 的距离时,$\square DSFT$ 的面积最小.

因为 $AB /\!/ CD$,所以异面直线 BC,DF 的距离即直线 AB 与平面 CDF 的距离,也即点 B 与直线 CF 的距离,为 $\frac{bc}{\sqrt{b^2+c^2}}$.

即此时截面 $DSFT$ 面积的最小值是

$$\frac{bc}{\sqrt{b^2+c^2}}\cdot\sqrt{a^2+b^2+c^2}$$

由 $a>b>c$,可得 $\frac{bc}{\sqrt{b^2+c^2}}<\frac{ac}{\sqrt{a^2+c^2}}<\frac{ab}{\sqrt{a^2+b^2}}$,所以所求 S 的最小值是 $\frac{bc}{\sqrt{b^2+c^2}}\cdot\sqrt{a^2+b^2+c^2}$,即 $bc\sqrt{\frac{a^2+b^2+c^2}{b^2+c^2}}$.

日本第 3 届广中杯预赛试题参考答案(2002 年)

Ⅰ. 安排方法有多种,比如(1 日、7 日、20 日、24 日、31 日),或(1 日、7 日、17 日、27 日、31 日),但这些日期的和是一样的,为 83.

Ⅱ. 由对角线上的三个整数之和相等知,可如图 1 所示设出未知数:

-6	a	-9
b	-1	c
d	e	$d-3$

图 1

再由图 1 中每行、每列、每条对角线上的三个整数之和都相等,得

$$a-15=b+c-1=2d+e-3=b+d-6$$
$$=a+e-1=c+d-12=d-10$$

由 $a-15=a+e-1$,得 $e=-14$.

由 $b+d-6=c+d-12$,$b+c-1=c+d-12$,分别得 $c=b+6$,$d=b+11$.

再由 $a-15=b+c-1$,可得 $a=2b+20$.

又由 $a-15=d-10$,得 $2b+20-15=b+11-10$,即 $b=-4$.

所以$(a,b,c,d,e,d-3)=(-12,-4,2,7,-14,4)$.

因而可得,若答案存在的话,则答案如图 2 所示.

-6	12	-9
-4	-1	2
7	-14	4

图 2

还可检验图 2 的填法满足全部题设. 所以图 2 的填法就是本题的答案.

Ⅲ. 可设 10 位回文数是$\overline{a_1a_2a_3a_4a_5a_5a_4a_3a_2a_1}$,得

$$\begin{aligned}&\overline{a_1a_2a_3a_4a_5a_5a_4a_3a_2a_1}\\&=a_1(10^9+1)+a_2(10^8+10)+a_3(10^7+10^2)+\\&\quad a_4(10^6+10^3)+a_5(10^5+10^4)\\&=11\left(a_1\cdot\frac{10^9+1}{10+1}+10a_2\cdot\frac{10^7+1}{10+1}+10^2a_3\cdot\frac{10^5+1}{10+1}+10^3a_4\cdot\right.\\&\quad\left.\frac{10^3+1}{10+1}+10^4a_5\right)\end{aligned}$$

所以任一个 10 位回文数都是 11 的倍数.

又

$$\begin{aligned}&(1\ 000\ 000\ 001,1\ 000\ 110\ 001)\\&=(1\ 000\ 000\ 001,1\ 000\ 110\ 001-1\ 000\ 000\ 001)\\&=(10^9+1,11\cdot10^4)\\&=(10^9+1,11)=11\end{aligned}$$

所以所有10位回文数的最大公约数是11.

Ⅳ.如图3所示,作 $DE\perp BC$ 于点 E,$DF\perp BA$ 于点 F.

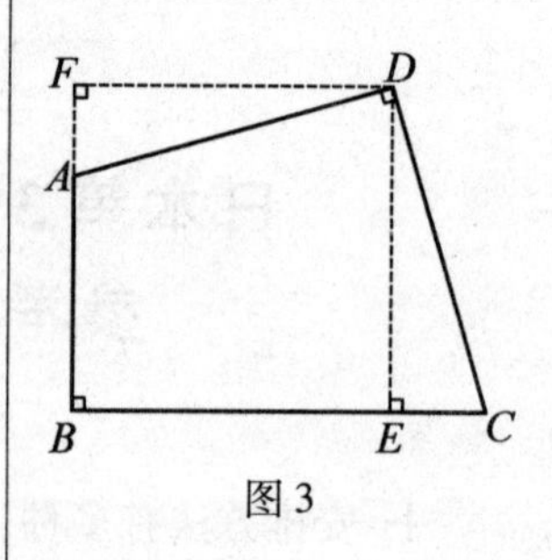

图3

由 $\angle BAD+\angle C=180°$,$\angle BAD+\angle DAF=180°$,得 $\angle C=\angle DAF$.

又 $CD=AD$,所以 $\text{Rt}\triangle CDE\cong\text{Rt}\triangle ADF$,得 $DE=DF$,再得正方形 $BEDF$.

又 $S_{四边形ABCD}=12\ \text{cm}^2$,所以 $S_{正方形BEDF}=12\ \text{cm}^2$,即顶点 D 到边 BC 的距离 $DE=2\sqrt{3}$ cm.

Ⅴ.顶点中只含有黑点的多边形的个数是

$$C_{2\,002}^3+C_{2\,002}^4+\cdots+C_{2\,002}^{2\,002}=2^{2\,002}-(C_{2\,002}^0+C_{2\,002}^1+C_{2\,002}^2)$$

又多边形的总个数是

$$C_{2\,003}^3+C_{2\,003}^4+\cdots+C_{2\,003}^{2\,003}=2^{2\,003}-(C_{2\,003}^0+C_{2\,003}^1+C_{2\,003}^2)$$

所以顶点中含有红点的多边形的个数是

$$[2^{2\,003}-(C_{2\,003}^0+C_{2\,003}^1+C_{2\,003}^2)]-[2^{2\,002}-(C_{2\,002}^0+C_{2\,002}^1+C_{2\,002}^2)]$$
$$=2^{2\,002}-(C_{2\,002}^0+C_{2\,002}^1)$$

因而所求答案是

$$[2^{2\,002}-(C_{2\,002}^0+C_{2\,002}^1)]-[2^{2\,002}-(C_{2\,002}^0+C_{2\,002}^1+C_{2\,002}^2)]$$
$$=C_{2\,002}^2=2\,003\,001$$

Ⅵ.由式(1),得 $z(x-y)=2$. 又 x,y,z 都是正整数,所以

$$\begin{cases}z=1\\x-y=2\end{cases}或\begin{cases}z=2\\x-y=1\end{cases}.$$

再由式(2),可求得 $(x,y,z)=(4,2,1)$ 或 $(5,4,2)$.

所以该长方体的体积 xyz 为8或40.

Ⅶ.如图4所示,过点 B 作 $BE/\!/CA$ 交 DA 的延长线于点 E,得 $\angle CAD=\angle E$.

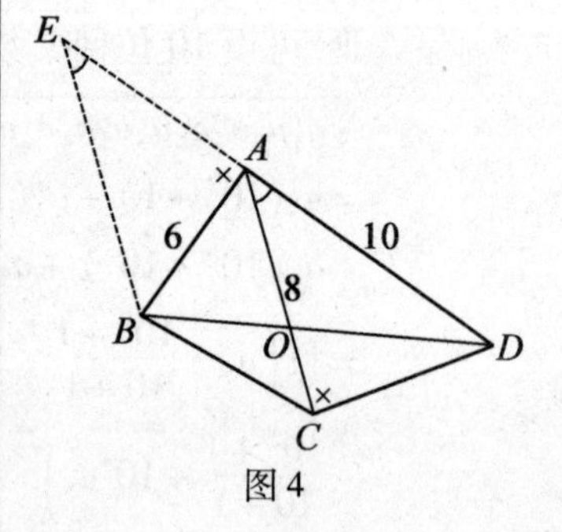

图4

还可得 $\dfrac{EA}{AD}=\dfrac{BO}{OD}=\dfrac{7}{6}$. 又 $AD=10$,所以 $EA=\dfrac{60}{7}$.

又 $\angle BAD+\angle ACD=180°$,$\angle BAD+\angle BAE=180°$,所以 $\angle ACD=\angle BAE$.

前面已得 $\angle CAD=\angle E$,所以 $\triangle ACD\backsim\triangle EAB$,得 $\dfrac{CD}{AB}=\dfrac{AC}{EA}$,即 $\dfrac{CD}{6}=\dfrac{8}{\frac{60}{7}}$,$CD=\dfrac{28}{5}$.

Ⅷ.当 $c=0$ 时,$\sqrt{x^2+a^2}+\sqrt{x^2+b^2}\leqslant|a|+|b|=\sqrt{(|a|+|b|)^2+c^2}$.进而可得,当且仅当 $x=y=0$ 时,$(\sqrt{x^2+a^2}+\sqrt{x^2+b^2})_{\min}=\sqrt{(|a|+|b|)^2+c^2}$.

当$c\neq 0$时,可得

$$\sqrt{x^2+a^2}+\sqrt{y^2+b^2}$$
$$=\sqrt{(x-0)^2+(0-|a|)^2}+\sqrt{(x-c)^2+[0-(-|b|)]^2}$$

它表示x轴上的动点$P(x,0)$到两个定点$A(0,|a|)$,$B(c,-|b|)$的距离之和(图5).

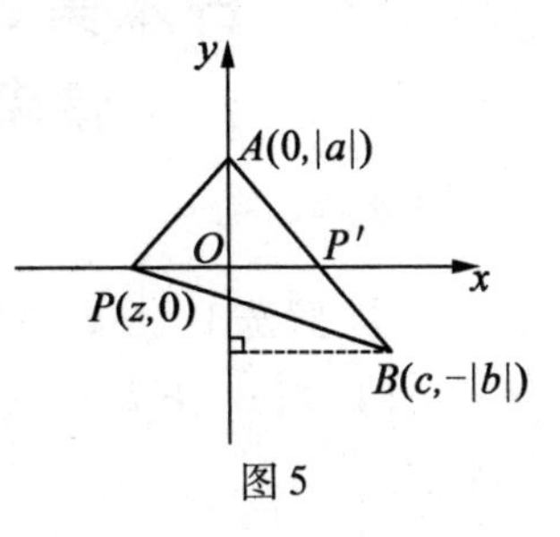

图5

因为点A,B(由$c\neq 0$知,点A,B不会重合,即直线AB唯一存在且不与x轴重合)不会在x轴的同侧,所以当且仅当点P为线段AB与x轴的公共点时(当$a=b=0$时,公共点的集合即线段AB;否则公共点唯一存在,即图5中的点P'),$(\sqrt{x^2+a^2}+\sqrt{x^2+b^2})_{\min}=|AB|$.

由勾股定理(见原题中的图6)或两点间距离公式均可求得所求最小值$|AB|=\sqrt{(|a|+|b|)^2+c^2}$.

日本第3届广中杯决赛试题参考答案(2002年)

Ⅰ. **解法1** $f(x)$的取值共包括以下10类情形:

(1)当$x=10k(k=1,2,3,\cdots,200)$时,可得$f(x)=5k^2$,得200个值.

(2)当$x=10k+1(k=0,1,2,3,\cdots,200)$时,可得$f(x)=5k^2+k$,得201个值.

(3)当$x=10k+2(k=0,1,2,3,\cdots,200)$时,可得$f(x)=5k^2+2k$,得201个值.

(4)当$x=10k+3(k=0,1,2,3,\cdots,199)$时,可得$f(x)=5k^2+3k$,得200个值.

(5)当$x=10k+4(k=0,1,2,3,\cdots,199)$时,可得$f(x)=5k^2+4k$,得200个值.

(6)当$x=10k+5(k=0,1,2,3,\cdots,199)$时,可得$f(x)=5k^2+5k+1$,得200个值.

(7)当$x=10k+6(k=0,1,2,3,\cdots,199)$时,可得$f(x)=5k^2+6k+1$,得200个值.

(8)当$x=10k+7(k=0,1,2,3,\cdots,199)$时,可得$f(x)=5k^2+7k+2$,得200个值.

(9)当$x=10k+8(k=0,1,2,3,\cdots,199)$时,可得$f(x)=5k^2+8k+3$,得200个值.

(10)当$x=10k+9(k=0,1,2,3,\cdots,199)$时,可得$f(x)=5k^2+9k+4$,得200个值.

共得2 002个值.

但是,当$k=0$时,(2),(3),(4),(5)类的值都是0,(6),(7)类的值都是1. 即重复了4个值,而其他的值不再有重复,所以可以取到$2\ 002-4=1\ 998$种不同的值.

解法2 $f(1)=f(2)=f(3)=f(4)=0$,$f(5)=f(6)=1$,$f(7)=2$,$f(8)=3$,$f(9)=4$;当$x\geqslant 10$时,$\frac{(x+1)^2}{20}-\frac{x^2}{20}>1$,所以$f(x+1)>f(x)$. 得$f(x)(x\geqslant 6)$是增函数,$f(x)$的值不会出现重复. 所以,当$x$取遍1到2 002的整数时,$f(x)$的值只重复了4个,

所以可以取到 $2\ 002-4=1\ 998$ 种不同的值.

Ⅱ. 参考图 1(即原题的图 1),可得正 m 边形的内角和是 $(m-2)\cdot 180°$;正 m 边形里面的正 n 边形各顶点处都是周角,其和是 $2n\cdot 180°$. 而 $f(m,n)$ 个三角形的内角和是 $f(m,n)\cdot 180°$.

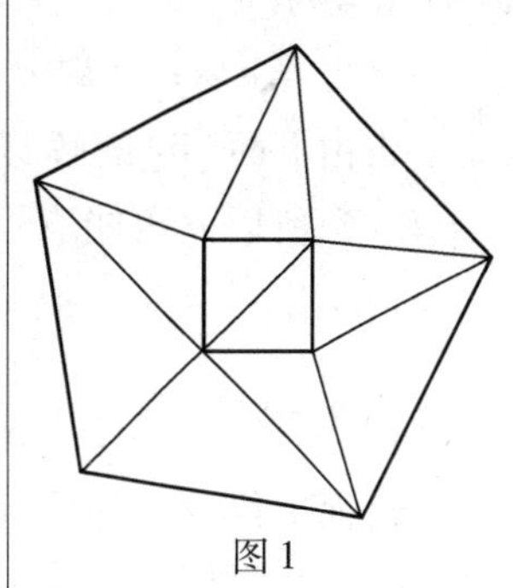

图 1

由题意,可得

$$(m-2)\cdot 180°+2n\cdot 180°=f(m,n)\cdot 180°$$

$$f(m,n)=m+2n-2$$

所以
$$f(2\ 002,7)=2\ 014$$

Ⅲ. (i)10 颗.

(ii)只有如图 2 所示的两种答案(当然,把图形翻转或旋转后得到的答案也正确).

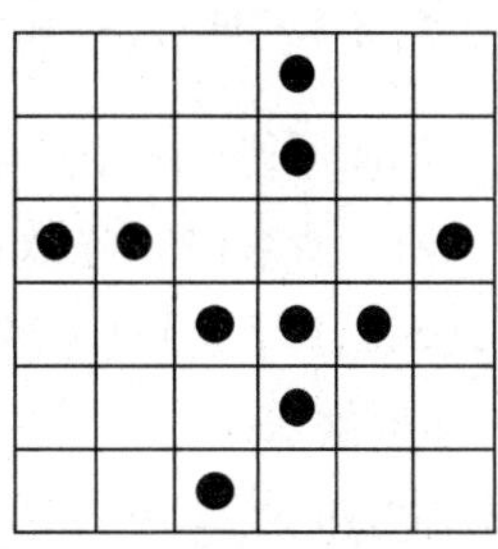

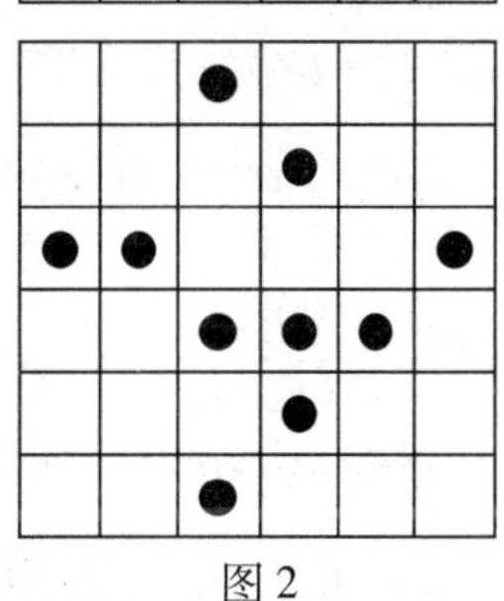

图 2

Ⅳ. 由余弦定理可得 $\cos B=\dfrac{5}{6}\left(0<B<\dfrac{\pi}{3}\right)$, $\cos C=-\dfrac{5}{27}$.

又 $\cos 3B=4\cos^3 B-3\cos B=-\dfrac{5}{27}=\cos C$,且 $3B, C\in(0,\pi)$,

所以 $3B=C$,即 $\angle B$ 与 $\angle C$ 的大小的比值是 $\dfrac{1}{3}$.

Ⅴ. 由韦达定理知, $p+q=-\dfrac{b}{a}$, $pq=\dfrac{c}{a}$. 所以:

(i) $p+q=-\dfrac{b}{a}$.

(ii) $p^2+q^2=(p+q)^2-2pq=\left(-\dfrac{b}{a}\right)^2-2\cdot\dfrac{c}{a}=\dfrac{b^2-2ac}{a^2}$.

(iii) $p^3+q^3=(p+q)^3-3pq(p+q)=\left(-\dfrac{b}{a}\right)^3-3\left(-\dfrac{b}{a}\right)\cdot\dfrac{c}{a}=\dfrac{3abc-b^3}{a^3}$.

Ⅵ. 如图 3 所示,设上、下两个正方形的中心分别为点 O', O.

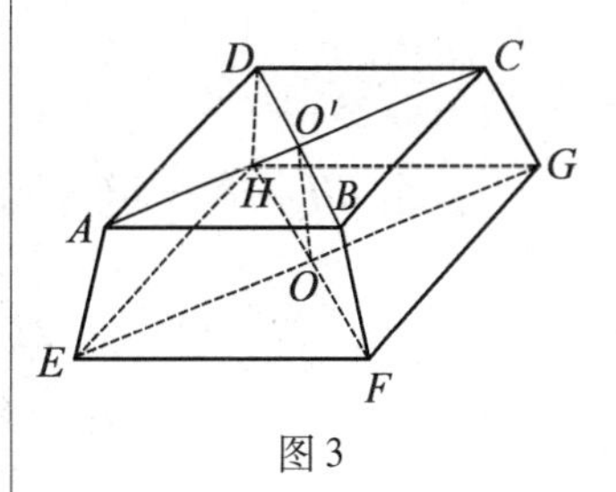

图 3

在直角梯形 $O'OFB$ 中, $O'B=\dfrac{x}{\sqrt{2}}$, $OF=\dfrac{10}{\sqrt{2}}$, $O'O=2$,由此可求得 $BF=\sqrt{\dfrac{(10-x)^2}{2}+4}$.

在等腰梯形 $AEFB$ 中,腰 $BF=\sqrt{\dfrac{(10-x)^2}{2}+4}$,底 $AB=x$, $EF=10$,由此可求得该等腰梯形的面积是 $\dfrac{x+10}{4}\cdot\sqrt{x^2-20x+116}$.

Ⅶ. (i)可得 $\dfrac{3}{4}=\dfrac{1}{a}+\dfrac{1}{b}+\dfrac{1}{c}\leqslant\dfrac{3}{a}$, $a\leqslant 4$(当且仅当 $a=b=c=$

4时,$a=4$).

又可得$a\neq1$,所以$a=2,3$或4.

再由下面(ii)的解答知,当$a=2,3$或4时,原方程组均有解(a,b,c),所以a可能取到的所有值是2,3或4.

(ii)当$a=4$时,由(i)的解法知,$(a,b,c)=(4,4,4)$.

当$a=3$时,得$\frac{5}{12}=\frac{1}{b}+\frac{1}{c}\leqslant\frac{2}{b}$,$3\leqslant b\leqslant4\frac{4}{5}$,即$b=3$或4.

进而可得$(a,b,c)=(3,3,12)$或$(3,4,6)$.

当$a=2$时,得$\frac{1}{4}=\frac{1}{b}+\frac{1}{c}\leqslant\frac{2}{b}$,$5\leqslant b\leqslant8$,即$b=5,6,7$或8.

进而可得$(a,b,c)=(2,5,20)$,$(2,6,12)$或$(2,8,8)$.

所以所求的正整数组$(a,b,c)=(2,5,20)$,$(2,6,12)$,$(2,8,8)$,$(3,3,12)$,$(3,4,6)$或$(4,4,4)$.

Ⅷ.**解法1** 如图4所示,联结GC.由点G在菱形$ABCD$的对角线上,可证$\triangle ABG\cong\triangle CBG$,所以$\angle GCB=\angle GAB=2\angle AGB=\angle AGC$,$\angle GCE=\angle EGC$,$EC=EG=21+4=25$.

如图4所示,作$GH\parallel AB$交BC于点H,可得$\frac{HC}{CE}=\frac{GF}{FE}$,$\frac{HC}{25}=\frac{4}{21}$,$HC=\frac{100}{21}$.

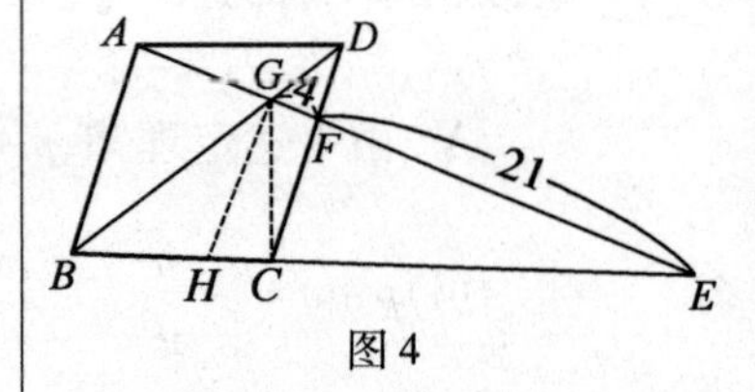

图4

设菱形$ABCD$的边长为x.

由$AD\parallel BE$,可得$\frac{AD}{BE}=\frac{AG}{GE}$,$\frac{x}{x+25}=\frac{AG}{25}$,即$AG=\frac{25x}{x+25}$.

由$AB\parallel GH\parallel FC$,可得$\frac{AG}{GF}=\frac{BH}{HC}$,$\frac{\frac{25x}{x+25}}{4}=\frac{BH}{\frac{100}{21}}$,$BH=\frac{625x}{21(x+25)}$.

由$BH+HC=BC=x$,得

$$\frac{625x}{21(x+25)}+\frac{100}{21}=x$$

$$\frac{625x}{x+25}=21x-100$$

$$21x^2-200x-2\,500=0$$

$$(3x-50)(7x+50)=0\quad(x>0)$$

$$x=\frac{50}{3}\quad(\text{因为 }x>0)$$

即菱形$ABCD$的边长为$\frac{50}{3}$.

解法2 如图5所示,联结 GC.

同解法1可得 $EC=25$.

还可得$\frac{EG}{GA}=\frac{BG}{GD}=\frac{AG}{GF},\frac{25}{GA}=\frac{AG}{4}$,即 $AG=10$.

所以$\frac{BE}{AD}=\frac{EG}{GA}=\frac{25}{10},\frac{BE}{AD}-1=\frac{25}{10}-1,\frac{CE}{BC}=\frac{3}{2}$,又 $CE=25$,所以菱形 $ABCD$ 的边长 $BC=\frac{50}{3}$.

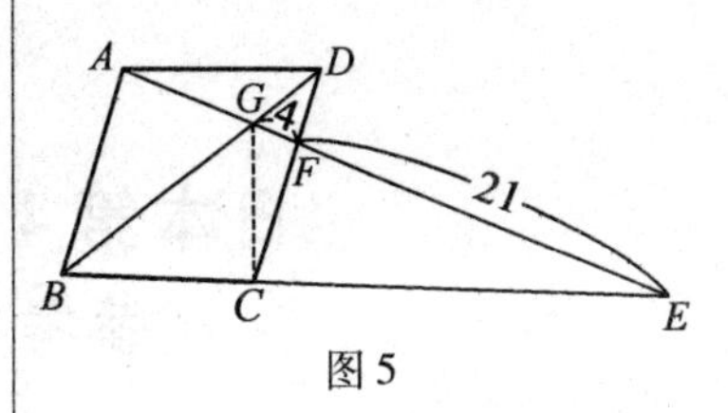

图5

日本第4届广中杯预赛试题参考答案(2003年)

Ⅰ.(i)将各面分别为1~6的骰子掷两次,共有6×6=36种情形.其中两次掷出的点数之和是6的倍数的情形为6种:(1,5),(2,4),(3,3),(4,2),(5,1),(6,6).所以,所求概率是$\frac{6}{36}=\frac{1}{6}$.

(ii)原式$=3.14(3.14+8.72)-(11.5+4.36)(11.5-4.36)$

$=3.14\times11.86-15.86\times7.14$

$=3.14\times(15.86-4)-15.86\times(3.14+4)$

$=-4\times(3.14+15.86)$

$=-4\times19$

$=-76$

(iii)若$(y-12)+(x+2\ 000)\neq0$,即$x+y\neq-1\ 998$时,由等比性质,得

$$\pi=\frac{(x-15)+(y+2\ 003)}{(y-12)+(x+2\ 000)}=\frac{x+y+1\ 998}{x+y+1\ 998}=1$$

这不可能!所以$x+y=-1\ 998$.

(iv)可得该凸多面体如图1所示,它由上、下两部分组成:下方是棱长为2的正方体$ABCD-A_1B_1C_1D_1$,其体积是$2^3=8$;上方是正四棱锥$E-ABCD$(底面边长是2,侧棱长是$\sqrt{3}$).

如图1所示,设正方形$ABCD$的中心是点O,可得$OA=\sqrt{2}$.所以正四棱锥$E-ABCD$的高$EO=\sqrt{AE^2-AO^2}=\sqrt{(\sqrt{3})^2-(\sqrt{2})^2}=1$,得正四棱锥$E-ABCD$的体积是$\frac{1}{3}\times2^2\times1=\frac{4}{3}$.

所以所求凸多面体的体积是$8+\frac{4}{3}=9\frac{1}{3}$(立方单位).

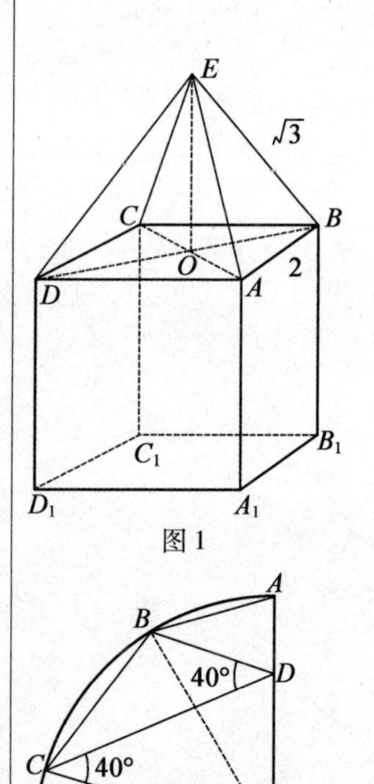

图1

图2

(v)如图2所示,设$\overset{\frown}{ABC}$所在圆的圆心是点O,联结OB.

由$\angle BDC=\angle DCO=40°$,得$BD/\!/CO$,进而可得梯形$BCOD$,所以$S_{\triangle CBD}=S_{\triangle OBD}$,得四边形$ABCD$的面积即$S_{\triangle OAB}$.

又$\angle COD=90°-20°=70°$,再得$\angle COD=\angle CDO=70°$,所以$CD=OC=OB$.得等腰梯形$BCOD$(对角线相等的梯形是等腰梯形),所以$\angle BOC=\angle DCO=40°$,$\angle AOB=90°-20°-40°=30°$.

得 $S_{\triangle OAB}=\frac{1}{2}OA\cdot OB\cdot\sin\angle AOB=\frac{1}{2}\times 6\times 6\times\sin 30^\circ=9$.

Ⅱ.(i)设正$\triangle ABC$的边长是x,由割线定理,可得

$$x(x-7)=\frac{x-5}{2}\cdot\frac{x+5}{2}\quad(x>7)$$

解得

$$x=\frac{25}{3}$$

所以所求正三角形的边长是$\frac{25}{3}$.

(i)的另解 如图3所示,联结PS,设正$\triangle APS$的外心为点O,直线AO交BC于点H,作$OD\perp AP$于点D,联结OQ.

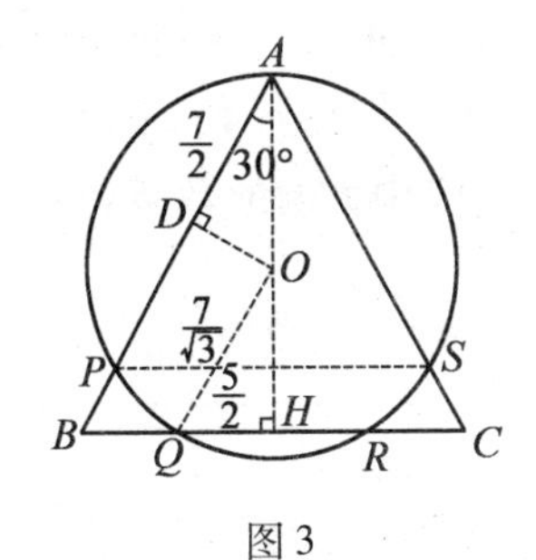

图3

由$AP=7$,可得正$\triangle APS$的外接圆半径为$OA=OQ=\frac{7}{\sqrt{3}}$,所以在$\mathrm{Rt}\triangle OHQ$中,可求得$OH=\sqrt{\left(\frac{7}{\sqrt{3}}\right)^2-\left(\frac{5}{2}\right)^2}=\frac{11}{2\sqrt{3}}$.

所以正$\triangle ABC$的高$AH=AO+OH=\frac{7}{\sqrt{3}}+\frac{11}{2\sqrt{3}}=\frac{25}{2\sqrt{3}}$,所以可得正$\triangle ABC$的边长是$\frac{25}{3}$.

(ii)设F队胜x败y(x,y都是自然数),由胜的总场数与败的总场数相等,得

$$60+42+10+28+3+x=29+30+10+37+4+y$$

$$y=x+33$$

得F队比赛的场数是$x+y=2x+33$.

因为x是自然数,所以F队至少进行过33场比赛(此时F队胜0败33).

(iii)当金额是2 003日元的1倍时,增加5%的增值税后为2 103.15日元,两者一样;当金额是2 003日元的2倍时,增加5%的增值税后为4 206.3日元,两者一样;当金额是2 003日元的3倍时,增加5%的增值税后为6 309.45日元,两者一样;当金额是2 003日元的4倍时,增加5%的增值税后为8 412.6日元,两者不一样.

所以所求最小值是2 003日元的4倍即8 012日元(出题方给出的答案是34 051(即2 003的17倍),笔者认为此答案不对).

(iv)由$(n+2)!-n!=n![(n+2)(n+1)-1]=n!(n^2+3n+1)$,得$11^6\mid n!(n^2+3n+1)$.又$(n,n^2+3n+1)=1$,11是质数,所以:

若$n\leqslant 32$,得$n!$不可能被11^3整除,所以$11^4\mid n^2+3n+1$,得$n^2+3n+1\geqslant 11^4=14\ 641$.而由$n\leqslant 32$,得$n^2+3n+1\leqslant 1\ 121$.前后

矛盾！所以 $n\geqslant 33$.

若 $n=33$ 满足题设，可得 $11^3\mid n^2+3n+1$ 即 $11^3\mid 33^2+3\times 33+1$,得 $11\mid 1$,这不可能!

若 $n=34$ 满足题设，可得 $11^3\mid n^2+3n+1$ 即 $11^3\mid (33+1)^2+3(33+1)+1$,得 $11\mid 5$,这不可能!

若 $n=35$ 满足题设 $\Leftrightarrow 11^3\mid n^2+3n+1\Leftrightarrow 11^3\mid 35^2+3\times 35+1\Leftrightarrow 11^3\mid 11^3$,即 $n=35$ 满足题设.

所以所求 n 的最小值是 35.

Ⅲ.(i)设"魔法粮仓"在某一年的 $i(i=1,2,3,\cdots,12)$ 月,大米增加到 n_i 倍,有 $n_1=3,n_2=2$. 注意到在同一个月内,"魔法粮仓"中大米的数量是固定的. 可得表1:

表1

日期	"魔法粮仓"中米的质量(单位:kg)
2001年1月1日	10
2001年2月1日	$10\times 3+1=31$
2001年3月1日	$31\times 2+1=63$
2001年4月1日	$63n_3+1$
2001年5月1日	$63n_3n_4+n_4+1$
2001年6月1日	$63n_3n_4n_5+n_4n_5+n_5+1$
…	…
2001年12月1日	$63n_3n_4n_5\cdots n_{11}+(n_4n_5\cdots n_{11}+n_5\cdots n_{11}+\cdots+n_{11}+1)$
2002年1月1日	$63n_3n_4n_5\cdots n_{12}+(n_4n_5\cdots n_{12}+n_5\cdots n_{12}+\cdots+n_{12}+n_{12})=90$
2002年2月1日	$90\times 3+1=271$
2002年3月1日	$271\times 2+1=543$
2002年4月1日	$543n_3+1$
2002年5月1日	$543n_3n_4+n_4+1$
…	…
2002年12月1日	$543n_3n_4n_5\cdots n_{11}+(n_4n_5\cdots n_{11}+n_5\cdots n_{11}+\cdots+n_{11}+1)$
2003年1月1日	$543n_3n_4n_5\cdots n_{12}+(n_4n_5\cdots n_{12}+n_5\cdots n_{12}+\cdots+n_{12}+n_{12})=570$
2003年2月1日	$570\times 3+1=1\ 711$
2003年3月1日	$1\ 711\times 2+1=3\ 423$
2003年4月1日	$3\ 423n_3+1$
2003年5月1日	$3\ 423n_3n_4+n_4+1$
…	…
2003年12月1日	$3\ 423n_3n_4n_5\cdots n_{11}+(n_4n_5\cdots n_{11}+n_5\cdots n_{11}+\cdots+n_{11}+1)$
2004年1月1日	$3\ 423n_3n_4n_5\cdots n_{12}+(n_4n_5\cdots n_{12}+n_5\cdots n_{12}+\cdots+n_{12}+n_{12})$

由"2002 年 1 月 1 日"及"2003 年 1 月 1 日"所在行可列出方程组

$$\begin{cases}63n_3n_4n_5\cdots n_{12}+(n_4n_5\cdots n_{12}+n_5\cdots n_{12}+\cdots+n_{12}+n_{12})=90\\543n_3n_4n_5\cdots n_{12}+(n_4n_5\cdots n_{12}+n_5\cdots n_{12}+\cdots+n_{12}+n_{12})=570\end{cases}$$

解得

$$n_3n_4n_5\cdots n_{12}=1,n_4n_5\cdots n_{12}+n_5\cdots n_{12}+\cdots+n_{12}+n_{12}=27$$

所以由"2004 年 1 月 1 日"所在行(即最后一行)可得,来年(2004 年)1 月,粮仓中有 $3\ 423\times1+27=3\ 450$ kg 大米.

(ii)如图 4 所示,设边 AB,BC,CD 的中点分别为点 E,G,F.

由三角形中位线定理,得 $EN=MF=1.5,NG=2.5,MG=2$.

若点 E,N,M 不共线,由三角形中位线定理及线段公理,得 $3=\frac{BC}{2}=EM<EN+NM=3$,矛盾! 所以点 E,N,M 共线. 同理,得点 N,M,F 共线. 所以点 E,N,M,F 共线.

再由三角形中位线定理,得 $EN/\!/AD,MF/\!/AD;EM/\!/BC,NF/\!/BC$,所以 $BC/\!/EF/\!/AD$.

由勾股定理的逆定理,可得 $NM\perp MG$. 又 $MG/\!/AB,EM/\!/BC$,所以 $AB\perp BC$,得直角梯形 $ABCD$. 所以四边形 $ABCD$ 的面积为 $\frac{4(3+6)}{2}=18$(平方单位).

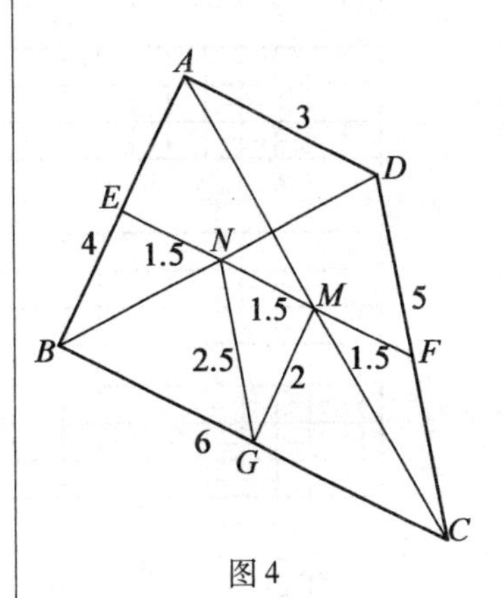

图 4

(iii)参见图 5 ~9(其中的水平、竖直小线段均表示 1×2 的骨牌),可得

$$x_n=3x_{n-1}+2x_{n-2}+2x_{n-3}+\cdots+2x_1+2$$

所以 $$x_{n-1}=3x_{n-2}+2x_{n-3}+2x_{n-4}+\cdots+2x_1+2$$

即 $$2x_{n-2}+2x_{n-3}+2x_{n-4}+\cdots+2x_1+2=x_{n-1}-x_{n-2}$$

得 $$x_n=3x_{n-1}+(x_{n-1}-x_{n-2})=4x_{n-1}-x_{n-2}$$

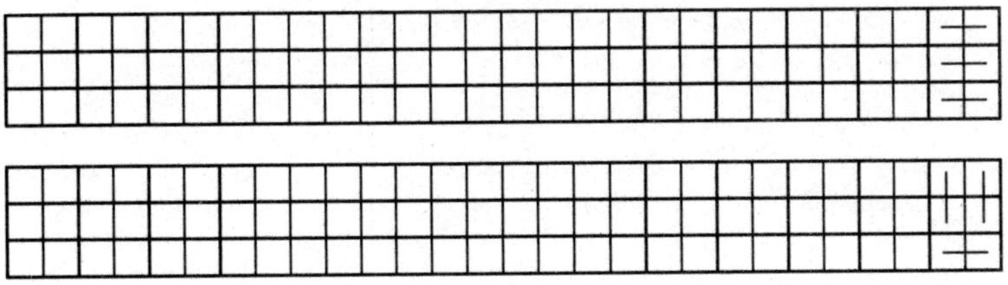

图 5

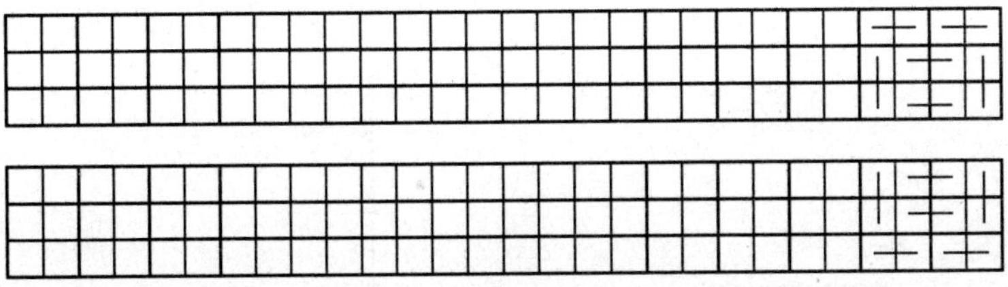

图 6

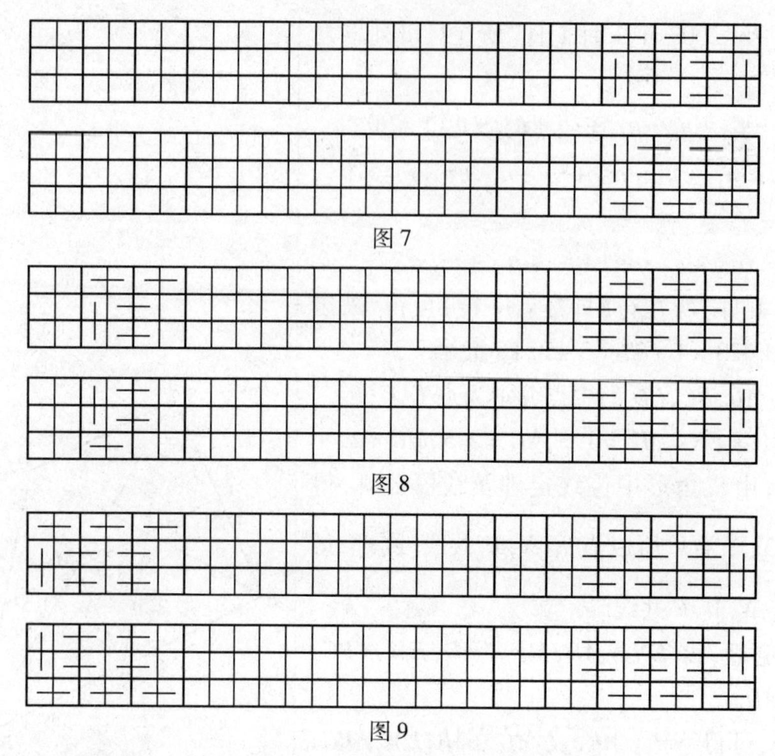

图7

图8

图9

①可得 $x_1=3, x_2=3x_1+2=11, x_3=4x_2-x_1=41$.

②由递推式 $x_n=4x_{n-1}-x_{n-2}, x_1=3, x_2=11$ 及数学归纳法易证.

③可求得 $x_4=153, x_5=571, x_6=2\ 131, x_7=7\ 953$.

易用数学归纳法证得 $\{x_n\}$ 是递增数列，所以 $x_n=4x_{n-1}-x_{n-2}>3x_{n-1}$. 由此可得 $x_{12}>3x_{11}>3^2x_{10}>\cdots>3^5x_7=1\ 932\ 579>1\ 728\ 000=120^3$.

(也可算得 $x_8=29\ 681, x_9=110\ 771, x_{10}=413\ 403, x_{11}=1\ 542\ 841, x_{12}=5\ 757\ 961>1\ 728\ 000=120^3$.)

日本第 4 届广中杯决赛试题参考答案(2003 年)

Ⅰ.(i)①可以组成 $5!=120$ 个整数(当然这些整数都是正整数),个、十、百、千、万位上的数 1,2,3,4,5 是均匀出现的,所以均出现了 $\frac{120}{5}=24$ 次.

因而这 120 个整数的平均数是

$$\frac{24(1+2+3+4+5)(1+10+10^2+10^3+10^4)}{120}=33\ 333$$

②五位数 $\overline{abcde}$(其中 $a+b+c+d+e=1+2+3+4+5=15$)被 11 除余 $2i(i=0,1,2,3)$ 即 $11\mid(a+c+e-2i)-(b+d)$ 也即 $11\mid 15-2i-2(b+d)$.

再由 $3=1+2\leqslant b+d\leqslant 4+5=9$,得 $-9\leqslant -3-2i\leqslant 15-2i-2(b+d)\leqslant 9-2i\leqslant 9$,所以 $15-2i-2(b+d)=0$,$\frac{15}{2}=i+b+d$,这不可能!即五位数 $\overline{abcde}$ 被 11 除不会余 0,2,4,6.

又因为 13 245,12 345,21 345,21 435,14 253,31 425,13 254 被 11 除所得的余数分别是 1,3,5,7,8,9,10,所以所得的余数的全部可能是 1,3,5,7,8,9,10.

(ii)①99 张[+];一位数 9 张;二位数(10~99)$90\times 2=180$ 张;三位数(100)3 张,得一共需要使用 $99+9+180+3=291$ 张卡片.

②拿走的是 50 和 51 之间的[+].

Ⅱ.(i)先把 45 分解质因数得 $45=3^2\times 5$,所以 45 的正约数均为 $3^i\times 5^j(i=0,1,2;j=0,1)$ 的形式.

再由多项式乘法法则,可得 45 的正约数之和为

$$(3^0+3^1+3^2)(5^0+5^1)=\frac{3^3-1}{3-1}\times\frac{5^2-1}{5-1}=13\times 6=78$$

(ii)先把 450 分解质因数得 $450=2\times 3^2\times 5^2$,所以 450 的是完全平方数的正约数均为 $3^{2i}\times 5^{2j}(i=0,1;j=0,1)$ 的形式.

再由多项式乘法法则,可得 450 的是完全平方数的正约数之和为

$$(3^{2\times 0}+3^{2\times 1})(5^{2\times 0}+5^{2\times 1})=260$$

(iii)先把 m 分解质因数得 $m=q_1q_2\cdots q_n\cdot {p_1}^{2\alpha_1}{p_2}^{2\alpha_2}\cdots {p_k}^{2\alpha_k}$($q_1$,$q_2$,…,$q_n$是互不相同的质数,$p_1$,$p_2$,…,$p_k$ 是互不相同的质数,α_1,α_2,…,α_k 是正整数),得 m 的是完全平方数的正约数为 ${p_1}^{2\alpha_1'}{p_2}^{2\alpha_2'}\cdots {p_k}^{2\alpha_k'}$($\alpha_1'=0,1,\cdots,\alpha_1;\alpha_2'=0,1,\cdots,\alpha_2;\alpha_k'=0,1,\cdots,\alpha_k$)的形式.

再由多项式乘法法则,可得 m 的是完全平方数的正约数之和为

$$(p_1^{2\times 0}+p_1^{2\times 1}+\cdots+{p_1}^{2\alpha_1'})(p_2^{2\times 0}+p_2^{2\times 1}+\cdots+{p_2}^{2\alpha_2'})\cdots$$
$$(p_k^{2\times 0}+p_k^{2\times 1}+\cdots+{p_k}^{2\alpha_k'})$$
$$=\frac{{p_1}^{2(\alpha_1+1)}-1}{p_1^2-1}\cdot\frac{{p_2}^{2(\alpha_2+1)}-1}{p_2^2-1}\cdot\cdots\cdot\frac{{p_k}^{2(\alpha_k+1)}-1}{p_k^2-1}$$

由此可得:$2^4\cdot 3^2p$(p 是1或是大于3的互异质数之积)及 $2^{10}q$(q是1或是奇质数之积)均满足题意(其是完全平方数的正约数之和分别为 $210=15\times 14$,$1\ 365=15\times 91$).

(iv)由(iii)的解法可得正奇数 $5\ 625=3^2\times 5^4$ 满足条件(*)(其是完全平方数的正约数之和为 $6\ 510=15\times 434$).

下证5 625是所求的最小正奇数.

由(iii)得到的一般结论,可知所求的最小正奇数是 $p^{2\alpha}$(p 是奇质数,α 是正整数)或 $p^{2\alpha}q^{2\beta}$(p,q 是奇质数且 $p<q$;α,β 是正整数)的形式.

若所求的最小正奇数是 $p^{2\alpha}$(p 是奇质数,α 是正整数)的形式,得 $3\times 5\left|\frac{p^{2(\alpha+1)}-1}{p^2-1}\right.$即 $3\times 5\mid 1+p^2+p^4+\cdots+p^{2\alpha}$($p\geqslant 7$).

若 $p^{2\alpha}<5\ 625$ 即 $p^\alpha<75$,可得 $\alpha=1$ 或($\alpha=2$ 且 $p=7$).

若 $\alpha=1$,得 $3\times 5\mid 1+p^2$,$3\mid 1+p^2$.对于任意的整数 p,可设$p=3t$ 或 $3t\pm 1$(t 是整数),均可得 $3\mid 1+p^2$不成立.所以 $\alpha=2$ 且 $p=7$,此时得 $3\times 5\mid 1+7^2+7^4$即 $3\times 5\mid 2\ 451$,这也不可能!

若所求的最小正奇数是 $p^{2\alpha}q^{2\beta}$(p,q 是奇质数且 $p<q$;α,β 是正整数)的形式,得 $3\times 5\left|\frac{p^{2(\alpha+1)}-1}{p^2-1}\cdot\frac{q^{2(\beta+1)}-1}{p^2-1}\right.$.

若 $p^{2\alpha}q^{2\beta}<5\ 625$,得 $p^\alpha q^\beta<75$.

若 $p=3$,$\alpha=1$,得 $q^\beta<25$($q\geqslant 5$),所以 $\beta=1$,得 $3\times 5\left|\frac{p^4-1}{p^2-1}\times\frac{q^4-1}{p^2-1}\right.$,$3\mid(p^2+1)(q^2+1)$,这不可能!

若 $p=3$,$\alpha=2$,得 $q^\beta\leqslant 8$($q\geqslant 5$),所以 $q=5$,$\beta=1$,得 $3\times 5\left|\frac{3^6-1}{3^2-1}\times\frac{5^4-1}{5^2-1}\right.$,$3\left|\frac{5^4-1}{5^2-1}\right.$,$3\mid 26$,这不可能!

若 $p=3,\alpha\geqslant 3$,得 $q^{\beta}\leqslant 2(q\geqslant 5)$,这不可能!

从而可得 $p=5,q=7,\alpha=\beta=1$,所以 $3\times 5\left|\dfrac{5^4-1}{5^2-1}\times\dfrac{7^4-1}{7^2-1}\right.$,$3\left|\dfrac{5^4-1}{5^2-1}\right.$,$3\mid 26$,这不可能!

得5 625是所求的最小正奇数.

Ⅲ.(i)如图1所示,在$\triangle ACD$中,由$AC=AD$,$\angle ADC=66°$,得$\angle ACD=66°$,$\angle CAD=48°$.

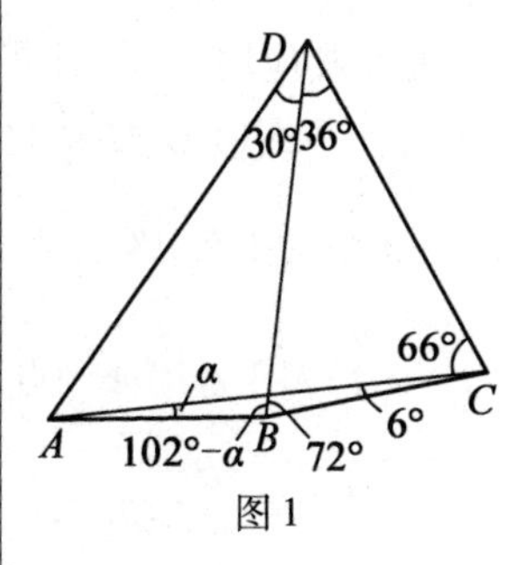

图1

在$\triangle BCD$中,由$\angle BDC=36°$,$\angle BCD=72°$,得$\angle CBD=72°$(由此可得$DB=DC$,所以题设"$DB=DC$"是多余的.事实上,知道"$AC=AD,DB=DC$"之一即可得出这两者均成立).

可设$\angle BAC=\alpha(0°<\alpha<102°)$,得$\angle ABD=102°-\alpha$.

在$\triangle BCD$,$\triangle ABC$,$\triangle ACD$中分别使用正弦定理,得

$$\frac{CD}{BC}=\frac{\sin\angle DBC}{\sin\angle CDB},\frac{BC}{AC}=\frac{\sin\angle BAC}{\sin\angle CBA},\frac{AC}{DC}=\frac{\sin\angle ADC}{\sin\angle CAD}$$

把它们相乘,得

$$\frac{\sin\angle DBC\cdot\sin\angle BAC\cdot\sin\angle ADC}{\sin\angle CBA\cdot\sin\angle CAD\cdot\sin\angle CDB}=1$$

即
$$\sin 72°\sin\alpha\sin 66°=\sin(174°-\alpha)\sin 48°\sin 36°$$

$$\cos 18°\cdot\cos 24°\cdot\sin\alpha$$
$$=2\sin 24°\cos 24°\cdot 2\sin 18°\cos 18°\cdot\sin(6°+\alpha)$$
$$\sin\alpha=4\sin 18°\sin 24°\sin(6°+\alpha)$$
$$\sin\alpha=4\sin 6°\sin 18°\sin 24°\cos\alpha+4\cos 6°\sin 18°\sin 24°\sin\alpha$$

由三倍角公式或相似三角形可求出$\sin 18°=\dfrac{\sqrt5-1}{4}$,所以

$$\begin{aligned}&4\cos 6°\sin 18°\sin 24°\\&=2\cos 6°(\cos 6°-\cos 42°)\\&=1+\cos 12°-2\cos 6°\cos 42°\\&=1+\cos 12°-\cos 48°-\cos 36°\\&=1+\sin 18°-\cos 36°\\&=1+\sin 18°-(1-2\sin^2 18°)\\&=\sin 18°+2\sin^2 18°\\&=\left(\frac{\sqrt5-1}{4}\right)+2\left(\frac{\sqrt5-1}{4}\right)^2=\frac12\end{aligned}$$

还得$4\sin 6°\sin 18°\sin 24°=\dfrac12\tan 6°$,所以

$$\sin\alpha=\frac12\tan 6°\cos\alpha+\frac12\sin\alpha$$

$$\sin\alpha=\tan 6^\circ\cos\alpha\quad(0^\circ<\alpha<102^\circ,\alpha\neq 90^\circ)$$
$$\tan\alpha=\tan 6^\circ\quad(0^\circ<\alpha<102^\circ,\alpha\neq 90^\circ)$$
$$\alpha=6^\circ$$

即$\angle BAC=6^\circ$.

(i)的另解 先介绍角元塞瓦定理的另一种形式(可见李成章发表于《中等数学》2006年第1期第5~11页的文章《角元塞瓦定理及其应用(一)》中的定理3,同以上解法用正弦定理易证其成立):在凸四边形$ABMC$中,有如下4个结论成立:

(1)对于$\triangle ABC$与点M,有$\frac{\sin\angle BAM}{\sin\angle MAC}\cdot\frac{\sin\angle ACM}{\sin\angle MCB}\cdot\frac{\sin\angle CBM}{\sin\angle MBA}=1$;

(2)对于$\triangle BMA$与点C,有$\frac{\sin\angle MBC}{\sin\angle CBA}\cdot\frac{\sin\angle BAC}{\sin\angle CAM}\cdot\frac{\sin\angle AMC}{\sin\angle CMB}=1$;

(3)对于$\triangle MCB$与点A,有$\frac{\sin\angle CMA}{\sin\angle AMB}\cdot\frac{\sin\angle MBA}{\sin\angle ABC}\cdot\frac{\sin\angle BCA}{\sin\angle ACM}=1$;

(4)对于$\triangle AMC$与点B,有$\frac{\sin\angle ACB}{\sin\angle BCM}\cdot\frac{\sin\angle CMB}{\sin\angle BMA}\cdot\frac{\sin\angle MAB}{\sin\angle BAC}=1$.

如图1所示(把图1中的点D看成以上结论中的点M),再运用以上结论(2)可得

$$\sin 72^\circ\sin\alpha\sin 66^\circ=\sin(174^\circ-\alpha)\sin 48^\circ\sin 36^\circ$$

接下来,同以上解答可得答案.

(ii)如图2所示,可设$\angle BAD=\alpha(0^\circ<\alpha<36^\circ)$,得$\angle CAD=36^\circ-\alpha$.

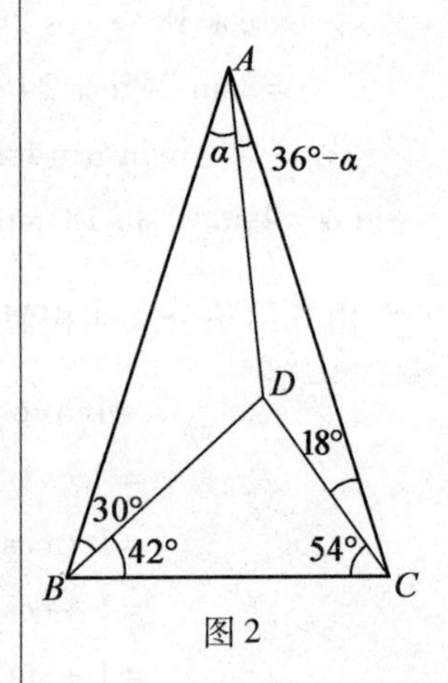

图2

由正弦定理,可得$\frac{BD}{\sin\alpha}=\frac{AD}{\sin 30^\circ},\frac{CD}{\sin(36^\circ-\alpha)}=\frac{AD}{\sin 18^\circ}$,所以$\frac{BD\sin(36^\circ-\alpha)}{CD\sin\alpha}=\frac{\sin 18^\circ}{\sin 30^\circ}$.

又$\frac{BD}{CD}=\frac{\sin 54^\circ}{\sin 42^\circ}$,所以

$$\frac{\sin 54^\circ\sin(36^\circ-\alpha)}{\sin 42^\circ\sin\alpha}=\frac{\sin 18^\circ}{\sin 30^\circ}$$
$$\sin 54^\circ\sin(36^\circ-\alpha)=2\sin 18^\circ\sin 42^\circ\sin\alpha$$
$$\sin 54^\circ\sin 36^\circ\cos\alpha-\sin 54^\circ\cos 36^\circ\sin\alpha$$
$$=\cos 24^\circ\sin\alpha-\cos 60^\circ\sin\alpha$$
$$\frac{1}{2}\sin 72^\circ\cos\alpha-\cos^2 36^\circ\sin\alpha=\cos 24^\circ\sin\alpha-\frac{1}{2}\sin\alpha$$
$$\sin 72^\circ\cos\alpha-\cos 72^\circ\sin\alpha=2\cos 24^\circ\sin\alpha$$
$$\sin(72^\circ-\alpha)-2\cos 24^\circ\sin\alpha=0$$

设函数$f(\alpha)=\sin(72^\circ-\alpha)-2\cos 24^\circ\sin\alpha(0^\circ<\alpha<36^\circ)$,可得$f(\alpha)$是减函数.又$f(\alpha)=f(24^\circ)$,所以$\alpha=24^\circ$.

即$\angle BAD$的度数是24.

(ii)**的另解**　先介绍角元塞瓦定理(见李成章发表于《中等数学》2006年第1期第5～11页的文章《角元塞瓦定理及其应用(一)》中的定理1,同以上解法用正弦定理易证):如图3所示,设点D,E,F分别在$\triangle ABC$的三边BC,CA,AB上,若三条线段AD,BE,CF交于一点M,则

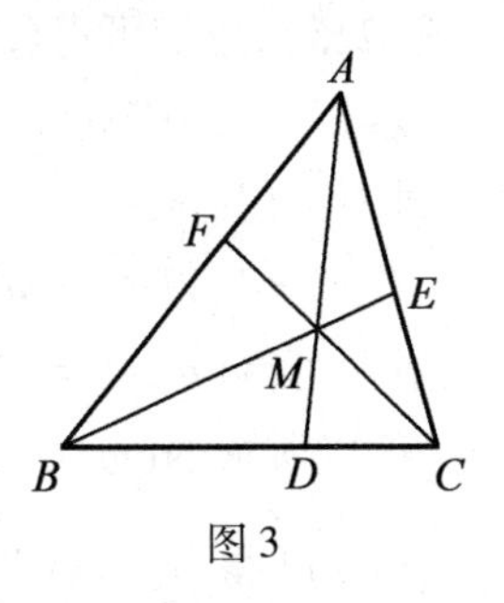

图3

(1)对于$\triangle ABC$与点M,有$\frac{\sin\angle BAM}{\sin\angle MAC}\cdot\frac{\sin\angle ACM}{\sin\angle MCB}\cdot\frac{\sin\angle CBM}{\sin\angle MBA}=1$;

(2)对于$\triangle MBC$与点A,有$\frac{\sin\angle BMD}{\sin\angle DMC}\cdot\frac{\sin\angle MCA}{\sin\angle ACB}\cdot\frac{\sin\angle CBA}{\sin\angle ABM}=1$;

(3)对于$\triangle MCA$与点B,有$\frac{\sin\angle CME}{\sin\angle EMA}\cdot\frac{\sin\angle MAB}{\sin\angle BAC}\cdot\frac{\sin\angle ACB}{\sin\angle BCM}=1$;

(4)对于$\triangle MAB$与点C,有$\frac{\sin\angle AMF}{\sin\angle FMB}\cdot\frac{\sin\angle MBC}{\sin\angle CBA}\cdot\frac{\sin\angle BAC}{\sin\angle CAM}=1$.

如图2所示,可设$\angle BAD=\alpha(0°<\alpha<36°)$,得$\angle CAD=36°-\alpha$.

在本题中,由结论(1)可得

$$\frac{\sin\alpha}{\sin(36°-\alpha)}\cdot\frac{\sin 18°}{\sin 54°}\cdot\frac{\sin 42°}{\sin 30°}=1$$

$$\sin 54°\sin(36°-\alpha)=2\sin 18°\sin 42°\sin\alpha$$

设函数$f(\alpha)=2\sin 18°\sin 42°\sin\alpha-\sin 54°\sin(36°-\alpha)(0°<\alpha<36°)$,可得$f(\alpha)$是增函数.下证$f(\alpha)=f(24°)$(便得$\alpha=24°$),即证

$$\sin 54°\sin 12°=2\sin 18°\sin 42°\sin 24°$$

$$\sin(3\times 18°)=4\sin 18°\sin 42°\cos 12°$$

$$3-4\sin^2 18°=4\sin 42°\cos 12°$$

$$3-2(1-\cos 36°)=2[\sin(42°+12°)+\sin(42°-12°)]$$

$$1+2\cos 36°=2\sin 54°+1$$

$$\cos 36°=\sin 54°$$

最后一式成立,所以$\alpha=24°$.

即$\angle BAD$的度数是24°.

Ⅳ.(i)如图4(即原题的图3)所示,由正m边形的一个顶点处的三个角之和是360°,得

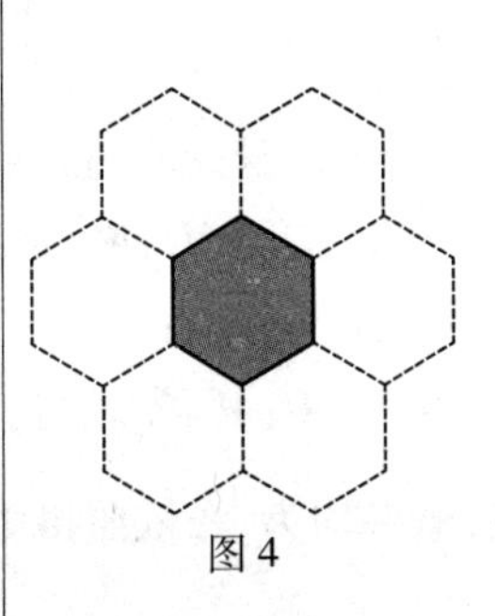
图4

$$\frac{m-2}{m}\cdot 180°+\frac{n-2}{n}\cdot 180°\cdot 2=360°$$

$$\frac{m}{n}=\frac{m-2}{4}\quad(m\geqslant 3,n\geqslant 3)$$

设$(m,n)=d,m=m'd,n=n'd,(m',n')=1$,得$\frac{m'}{n'}=\frac{m'd-2}{4}$.

因为$\frac{m'}{n'}$是既约分数,所以$n'=1,2$或4.

若$n'=1$,得$4m'=m'd-2$,$m'(d-4)=2$,再得$(m',d)=(1,6)$或$(2,5)$,进而可得$(m,n)=(6,6)$或$(10,5)$.

若$n'=2$,得$2m'=m'd-2$,$m'(d-2)=2$,再得$(m',d)=(1,4)$,进而可得$(m,n)=(4,8)$.

若$n'=4$,得$m'=m'd-2$,$m'(d-1)=2$,再得$(m',d)=(1,3)$,进而可得$(m,n)=(3,12)$.

所以所求的(m,n)为$(3,12)$,$(4,8)$或$(10,5)$.

(ii)可得$p=\tan 72°=\frac{\cos 18°}{\sin 18°}$,$q=2\sin 36°$,$r=\tan 54°=\frac{\cos 36°}{\sin 36°}$,所以即证

$$\frac{2\cos^2 18°}{\sin^2 18°}-\frac{2\sin 36°\cos 18°}{\sin 18°}$$
$$=\frac{\cos 36°}{\sin 36°}\cdot\frac{\cos 18°}{\sin 18°}+2\cos 36°+\frac{5\cos^2 36°}{\sin^2 36°}$$

两边都乘以$\sin^2 36°$后,即证

$$8\cos^4 18°-8\sin 18°\cos^3 18°\sin 36°$$
$$=2\cos^2 18°\cos 36°+2\cos 36°\sin 36°+5\cos^2 36°$$
$$8\cos^4 18°-16\cos^4 18°(1-\cos^2 18°)$$
$$=2\cos^2 18°(2\cos^2 18°-1)+8(2\cos^2 18°-1)\cdot$$
$$(1-\cos^2 18°)\cos^2 18°+5(2\cos^2 18°-1)^2$$
$$(4\cos^2 18°)^3-7(4\cos^2 18°)^2+15(4\cos^2 18°)-10=0$$
$$(4\cos^2 18°-2)[(4\cos^2 18°)^2-5(4\cos^2 18°)+5]=0$$

用相似三角形或3倍角公式可求得$\sin 18°=\frac{\sqrt{5}-1}{4}$,所以$4\cos^2 18°=\frac{5+\sqrt{5}}{2}$,进而可得上式成立.所以欲证结论成立.

Ⅴ.(i)设男士的身高从高到低依次为M_1,M_2,M_3,M_4,M_5,M_6.

女士的身高从高到低依次为W_1,W_2,W_3,W_4,W_5,W_6.

可以按照$M_1,W_1,M_2,W_2,M_3,W_3,M_4,W_4,M_5,W_5,M_6,W_6$的次序依次站队如下:

第1步:M_1先站好,则W_1可以选择站在M_1的左侧或者右侧,概率均为$\frac{1}{2}$,依照摄影师的要求,W_1应站在M_1的右侧.

第2步:M_2开始站队,事实上M_2可以随便选择站在M_1,W_1

的左侧或者右侧,而不破坏摄影师的要求;不论最终 M_2 站在什么位置,可以确定的是在目前这个三人队列里,最左侧的一定是一位男士(图 5). 接着 W_2 开始站队,此时她可以有四种位置的选择(图 6).

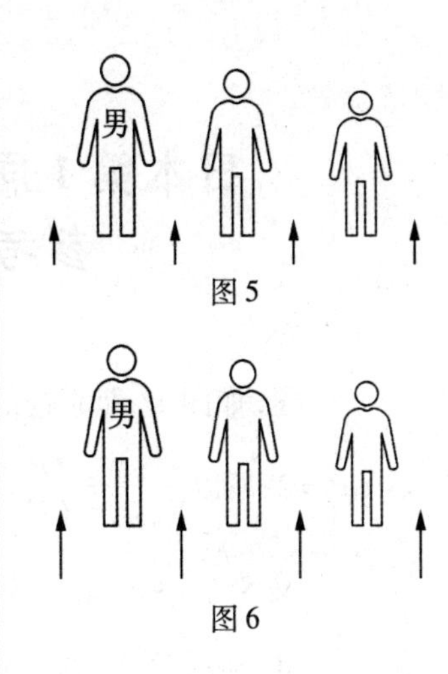

图 5

图 6

显然只要她选择了不站在最左侧就可以了,这个概率为$\frac{3}{4}$.

类似的,有:

第 3 步:M_3 可随意站,而 W_3 是从 6 个位置中 5 个位置选(不能站在最左侧),概率为$\frac{5}{6}$.

依此类推最终我们得到,队列按照摄影师要求排列的概率为

$$\frac{1}{2}\times\frac{3}{4}\times\frac{5}{6}\times\frac{7}{8}\times\frac{9}{10}\times\frac{11}{12}=\frac{231}{1\ 024}$$

(ii)依题可知:

$-f_1$ 的左侧必须要有 $f_2,f_4,f_6,f_8,f_{10},f_{12}$ 中的至少一张卡片;

$-f_3$ 的左侧必须要有 $f_4,f_6,f_8,f_{10},f_{12}$ 中的至少一张卡片;

$-f_5$ 的左侧必须要有 f_6,f_8,f_{10},f_{12} 中的至少一张卡片;

$-f_7$ 的左侧必须要有 f_8,f_{10},f_{12} 中的至少一张卡片;

$-f_9$ 的左侧必须要有 f_{10},f_{12} 中的至少一张卡片;

$-f_{11}$ 的左侧必须要有 f_{12} 中的至少一张卡片.

所以可将 $-f_1,-f_3,-f_5,-f_7,-f_9,-f_{11}$ 依次看作上题中的 W_6,W_5,W_4,W_3,W_2,W_1,而 $f_2,f_4,f_6,f_8,f_{10},f_{12}$ 依次看作上题中的 M_6,M_5,M_4,M_3,M_2,M_1. 所以最后的结果仍然是

$$\frac{1}{2}\times\frac{3}{4}\times\frac{5}{6}\times\frac{7}{8}\times\frac{9}{10}\times\frac{11}{12}=\frac{231}{1\ 024}$$

日本第1届初级广中杯预赛试题参考答案(2004年)

Ⅰ.如图1(即原题的图1)所示,由"周长相等",可得 $AP=3$,$CP=2$,所以$\frac{S_{\triangle BAP}}{S_{\triangle BCP}}=\frac{AP}{CP}=\frac{3}{2}$.

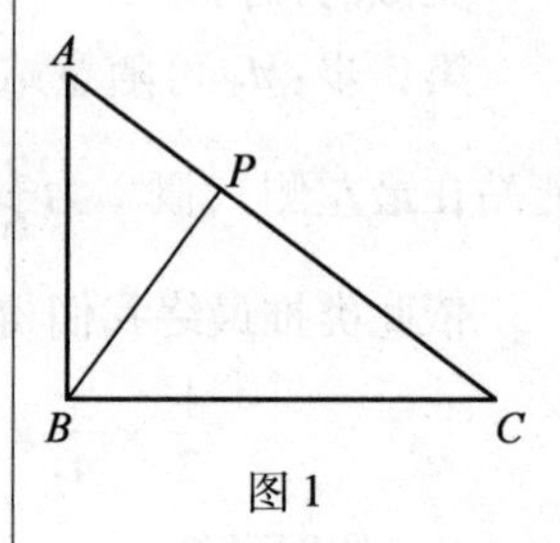

图1

又 $S_{\triangle BAP}+S_{\triangle BCP}=S_{\triangle BAC}=\frac{3\times 4}{2}=6$,所以可求得 $S_{\triangle BAP}=\frac{18}{5}$.

Ⅱ.所给等式,即

$$\square^2+31^2\times 7+30^2\times 4=11\ 111$$

$$\square^2+6\ 727+3\ 600=11\ 111$$

$$\square=28$$

Ⅲ.因为 $n\left(1+2+3+\cdots+\left[\frac{100}{n}\right]\right)=735=3\times 5\times 7^2$,所以 n 是 $3\times 5\times 7^2$ 的约数且其绝对值不大于100.

当 n 是正整数时,得以下8种情形:

(1)当 $n=1$ 时,得 $1+2+3+\cdots+100=735$,$5\ 050=735$,不可能!

(2)当 $n=3$ 时,得 $1+2+3+\cdots+33=245$,$561=245$,不可能!

(3)当 $n=5$ 时,得 $1+2+3+\cdots+20=147$,$210=147$,不可能!

(4)当 $n=7$ 时,得 $1+2+3+\cdots+14=105$,正确!

(5)当 $n=15$ 时,得 $1+2+3+\cdots+6=49$,$21=49$,不可能!

(6)当 $n=21$ 时,得 $1+2+3+4=35$,$10=35$,不可能!

(7)当 $n=35$ 时,得 $1+2=21$,不可能!

(8)当 $n=49$ 时,得 $1+2=15$,不可能!

所以 n 的值为7.

当 n 是负整数时,得 n 的值为 -7.

所以所求 n 的值为 ± 7.

Ⅳ.6,16,6,16.

可设四位男士 E,F,G,H 的妻子吃的个数分别是 $2x,2y,2z,2w$ 个,得 $\{2x,2y,2z,2w\}=\{2,4,6,8\}$,即 $\{x,y,z,w\}=\{1,2,3,4\}$,所以

$$1\cdot 2x+2\cdot 2y+3\cdot 2z+4\cdot 2w+2+4+6+8=64$$

$$x+2y+3z+4w=22$$

由 $\{x,y,z,w\}=\{1,2,3,4\}$,得 $x+y+z+w=10$,所以 $y+2z+$

$3w=12$.

得 $y+2z\geqslant 2+2\times 1=4$,所以 $3w\leqslant 8, w\leqslant 2$.

若 $w=1$,得 $y+2z=9$, $\{y,z\}\subset\{2,3,4\}$,由 y 是奇数,得 $y=3$,所以 $y=z=3$,这不可能! 所以 $w=2$.

得 $y+2z=6$, $\{y,z\}\subset\{1,3,4\}$,由 y 是偶数,得 $y=4, z=1$, $x=3$,所以四位男士 E,F,G,H 的妻子吃的个数分别是 6,8,2,4 个,得四位男士 E,F,G,H 吃的个数分别是 6,16,6,16 个.

Ⅴ.**解法 1** 如图 2(即原题的图 2)所示,可设 $AG=EH=x$, $GB=FH=y$, $GF=BH=z$, $DG=HC=w$.

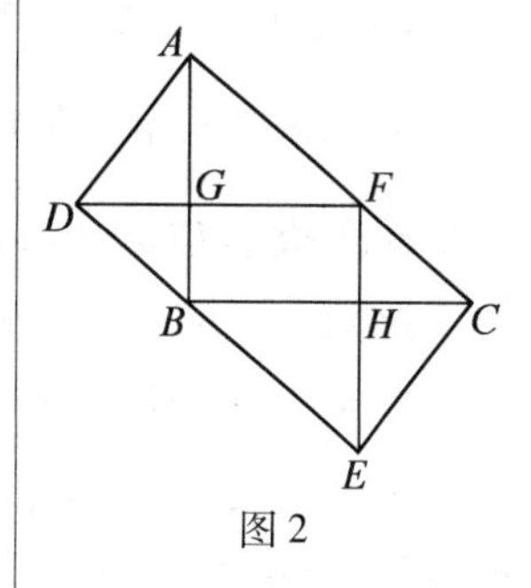

图 2

由 $\triangle ABC$ 的面积为 2 004 cm^2,得

$$\frac{1}{2}(x+y)(z+w)=2\ 004$$

$$xz+xw+yz+yw=4\ 008$$

$$(S_{\triangle AFG}+S_{\triangle BEH})+(S_{\triangle ADG}+S_{\triangle ECH})+$$

$$S_{\text{长方形}GBHF}+(S_{\triangle BDG}+S_{\triangle CFH})=4\ 008$$

$$S_{\text{长方形}ADEC}=4\ 008(\mathrm{cm}^2)$$

即长方形 $ADEC$ 的面积为 4 008 cm^2.

解法 2 请读者在图 2 中作 $BH\perp AC$ 于点 H,可得 $S_{\text{长方形}ADEC}=BH\cdot AC=2S_{\mathrm{Rt}\triangle ABC}=4\ 008$.

Ⅵ. 如图 3 所示,可不妨设环形道路是圆 O.

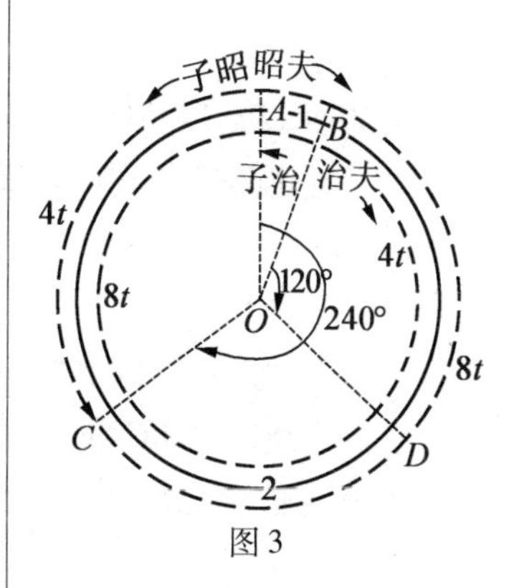

图 3

由昭夫和昭子的速度和是 $8+4=12(\mathrm{km/h})$,治夫和治子的速度和也是 $4+8=12(\mathrm{km/h})$,可得昭夫和昭子在 C 站首次相遇所用的时间与治夫和治子在 D 站首次相遇所用的时间相等,设这个时间是 t 时.

由 $\overset{\frown}{AB}$ 长 1 km,圆 O 的周长不小于 4 km,得 $\angle AOB\leqslant 30°$.

昭夫和昭子从 A 站同时出发在 D 站相遇,分别是顺时针和逆时针方向,且速度之比是 $8:4=2:1$,所以优弧 $\overset{\frown}{AC}$ 所对的圆心角 $\angle AOC=240°$.

治夫和治子从 B 站同时出发在 C 站相遇,分别是顺时针和逆时针方向,且速度之比是 $4:8=1:2$,所以劣弧 $\overset{\frown}{BD}$ 所对的圆心角 $\angle BOD=120°$. 得 $\angle AOD=\angle AOB+\angle BOD\leqslant 150°<240°$,所以圆 O 上的 4 个车站 A,B,D,C 依次是逆时针排列(如图 3 所示).

由图 3 可得,劣弧 $\overset{\frown}{AB}$, $\overset{\frown}{BD}$, $\overset{\frown}{DC}$, $\overset{\frown}{CA}$ 的长度之和是圆 O 的周长,即

$$1+4t+2+4t=12t$$

$$t=\frac{3}{4}$$

所以圆 O 的周长 $12t=9$. 即该环形道路的周长是 9 km.

Ⅶ. 如图4(即原题的图3)所示,设 $\angle B=\theta$. 由 $\square BFIE$, $\square AICJ$ 全等,可得 $IF=IC$,所以 $\angle ICF=\angle IFC=\angle B=\theta$.

还可得 $IE=IA$,所以 $\angle IAE=\angle IEA=\angle B=\theta$, $\angle AIE=\pi-2\theta$.

又 $\angle EIF=\angle B=\theta$, $\angle AIC=\angle BFI=\pi-\theta$, 再由 $\angle FIC+\angle CIA+\angle AIE+\angle EIF=2\pi$, 可得 $\angle FIC=2\theta$.

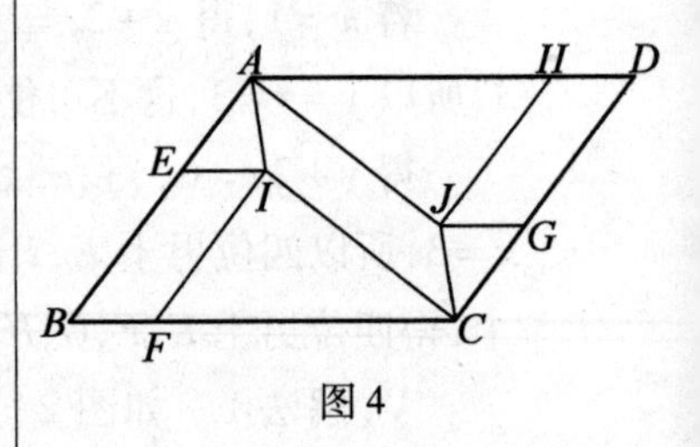

图4

在 $\triangle CFI$ 中,由内角和定理,可得 $\theta=\frac{\pi}{4}$.

可设 $BF=EI=AI=x$.

在等腰 Rt$\triangle AIE$ 中,可得 $AE=\sqrt{2}x$,所以 $BE=IF=IC=3-\sqrt{2}x$.

还可得 $FC=BC-BF=4-x$.

在等腰 Rt$\triangle CIF$ 中,可得 $FC=\sqrt{2}IF$,即 $4-x=\sqrt{2}(3-\sqrt{2}x)$,解得 $x=3\sqrt{2}-4$.

在图4中,可得 $\square BFIE$, $\square AICJ$, $\square JGDH$ 彼此全等,所以 BF 的长度为 $3\sqrt{2}-4$.

Ⅷ. 可得 $2n+13\mid 11n-5$, $2n+13\mid 10n+65$,所以

$$2n+13\mid n-70,2n+13\mid 2n-140$$

$$2n+13\mid 153,2n+13\mid 3^2\times 17$$

得 $2n+13=17,51$ 或 153,即 $n=2,19$ 或 70.

还可验证知它们均满足题设. 所以所求的正整数 n 为 2,19,或 70.

Ⅸ. 19.

Ⅹ. 笔者发现此题有误:由 $AC=AB$ 知,$\angle BAC$ 的角平分线所在的直线即边 BC 的垂直平分线,所以由"直线 CM 与 $\angle BAC$ 的角平分线交于点 D"与"直线 CM 与边 BC 的垂直平分线交于点 E"知点 D 和 E 重合,而这与题设"点 D 和 E 不重合"矛盾! 但出题方所给参考答案是 $99°$.

日本第1届初级广中杯决赛试题参考答案(2004年)

Ⅰ.(i)$1+3+5+7+\cdots+(2\times30-1)=30^2=900$.

(ii)40.

(iii)30.

Ⅱ.(i)①$A=4$,$B=1$.

②因为棱长为2的正四面体的体积是棱长为1的正四面体的体积的$2^3=8$倍,所以再由①的结论可得棱长为1的正八面体的体积是棱长为1的正四面体的体积的4倍,即棱长为1的正四面体的体积是棱长为1的正八面体的体积的$\frac{1}{4}$倍.

(ii)1××××形的数个数是$4\times3\times2\times1=24$,2××××形的数个数也是24,3××××形的数个数还是24.

又$24\times2<60<24\times3$,所以题设中的第60个数是3××××形的数中的第12个数.

31×××,32×××形的数均是$3\times2\times1=6$个.

又$48+6+6=60$,所以题设中的第60个数是32×××形的最大数,即32 541.

(iii)A的个位数字即以下B的个位数字

$$\begin{aligned}B=&(1^1+1^{11}+1^{21}+1^{31}+\cdots+1^{56\,511})+\\&(2^2+2^{12}+2^{22}+2^{32}+\cdots+2^{56\,512})+\\&(3^3+3^{13}+3^{23}+3^{33}+\cdots+3^{56\,513})+\\&(4^4+4^{14}+4^{24}+4^{34}+\cdots+4^{56\,504})+\\&(5^5+5^{15}+5^{25}+5^{35}+\cdots+5^{56\,505})+\\&(6^6+6^{16}+6^{26}+6^{36}+\cdots+6^{56\,506})+\\&(7^7+7^{17}+7^{27}+7^{37}+\cdots+7^{56\,507})+\\&(8^8+8^{18}+8^{28}+8^{38}+\cdots+8^{56\,508})+\\&(9^9+9^{19}+9^{29}+9^{39}+\cdots+9^{56\,509})+\\&(0^{10}+0^{20}+0^{30}+0^{40}+\cdots+0^{56\,510})\end{aligned}$$

还可得

①$1^1+1^{11}+1^{21}+1^{31}+\cdots+1^{56\,511}=5\,652$.

②因为$(2^4)^n(n\in\mathbf{N}^*)$的个位数字都是6,所以$10\mid2^{4n+k}-2^k$

即 $10\mid 2^k(2^{4n}-1)(k,n\in\mathbf{N}^*)$,即数列$\{2^n$ 的个位数字$\}$是以4为周期的周期数列:2,4,8,6,2,4,8,6,2,4,8,6,….

所以 $2^{20k+2}(k\in\mathbf{N})$ 的个位数字均是4,$2^{20k+12}(k\in\mathbf{N})$ 的个位数字均是6,得 $2^{20k+2}+2^{20k+12}(k=0,1,2,\cdots,2\ 825)$ 的个位数字均是0;所以 $2^2+2^{12}+2^{22}+2^{32}+\cdots+2^{56\ 512}$ 的个位数字是0.

③可得数列$\{3^n$ 的个位数字$\}$是以4为周期的周期数列:3,9,7,1,3,9,7,1,3,9,7,1,….

所以 $3^{20k+3}(k\in\mathbf{N})$ 的个位数字均是7,$3^{20k+13}(k\in\mathbf{N})$ 的个位数字均是3,得 $3^{20k+3}+3^{20k+13}(k=0,1,2,\cdots,2\ 825)$ 的个位数字均是0;所以 $3^3+3^{13}+3^{23}+3^{33}+\cdots+3^{56\ 513}$ 的个位数字是0.

④可得 $4^{2k}(k\in\mathbf{N}^*)$ 即 16^k 的个位数字均是6,所以 $4^4+4^{14}+4^{24}+4^{34}+\cdots+4^{56\ 504}$ 的个位数字即 $6\times 5\ 651$ 的个位数字为6.

⑤ $5^5+5^{15}+5^{25}+5^{35}+\cdots+5^{56\ 505}$ 的个位数字即 $5\times 5\ 651$ 的个位数字为5.

⑥ $6^6+6^{16}+6^{26}+6^{36}+\cdots+6^{56\ 506}$ 的个位数字即 $6\times 5\ 651$ 的个位数字为6.

⑦可得数列$\{7^n$ 的个位数字$\}$是以4为周期的周期数列:7,9,3,1,7,9,3,1,7,9,3,1,….

所以 $7^{20k+7}(k\in\mathbf{N})$ 的个位数字均是3,$7^{20k+17}(k\in\mathbf{N})$ 的个位数字均是7;得 $7^{20k+7}+7^{20k+17}(k=0,1,2,\cdots,2\ 824)$ 的个位数字均是0;所以 $7^7+7^{17}+7^{27}+7^{37}+\cdots+7^{56\ 497}$ 的个位数字是0,$7^7+7^{17}+7^{27}+7^{37}+\cdots+7^{56\ 507}$ 的个位数字即 $7^{56\ 507}$ 的个位数字为3.

⑧可得数列$\{8^n$ 的个位数字$\}$是以4为周期的周期数列:8,4,2,6,8,4,2,6,8,4,2,6,….

所以 $8^{20k+8}(k\in\mathbf{N})$ 的个位数字均是6,$8^{20k+18}(k\in\mathbf{N})$ 的个位数字均是4,得 $8^{20k+8}+8^{20k+18}(k=0,1,2,\cdots,2\ 824)$ 的个位数字均是0;所以 $8^8+8^{18}+8^{28}+8^{38}+\cdots+8^{56\ 498}$ 的个位数字是0,$8^8+8^{18}+8^{28}+8^{38}+\cdots+8^{56\ 508}$ 的个位数字即 $8^{56\ 508}$ 的个位数字为6.

⑨可得 $9^{2k+1}(k\in\mathbf{N}^*)$ 即 9×81^k 的个位数字均是9,所以 $9^9+9^{19}+9^{29}+9^{39}+\cdots+9^{56\ 509}$ 的个位数字即 $9\times 5\ 651$ 的个位数字为9.

⑩ $0^{10}+0^{20}+0^{30}+0^{40}+\cdots+0^{56\ 510}$ 的个位数字均是0.

所以 A 的个位数字即 B 的个位数字是 $2+0+0+6+5+6+3+6+9+0=37$ 的个位数字为7.

(iv)如图1所示,以 A 为原点建立平面直角坐标系,可得点的坐标

$$A(0,0),B(0,3),C(4,0),G\left(\frac{4}{3},1\right)$$

$$A'\left(\frac{8}{3},2\right),B'\left(\frac{8}{3},-1\right),C'\left(-\frac{4}{3},2\right)$$

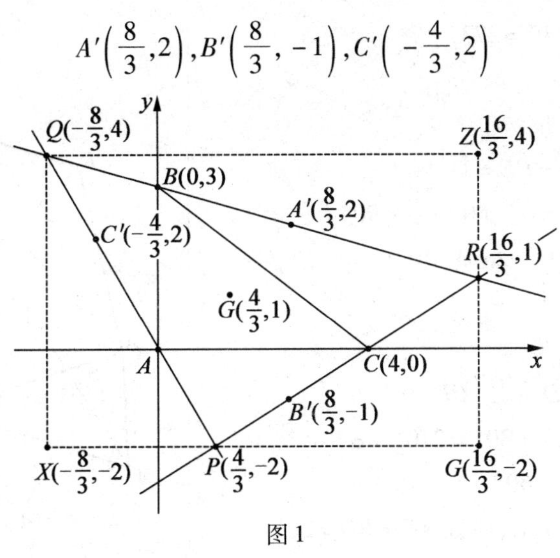

图1

还可求得直线的方程

$$C'A: y=-\frac{3}{2}x$$

$$B'C: y=\frac{3}{4}x-3$$

$$A'B: y=-\frac{3}{8}x+3$$

进而可求得 $P\left(\frac{4}{3},-2\right),Q\left(-\frac{8}{3},4\right),R\left(\frac{16}{3},1\right)$.

再由图1,可得

$$\begin{aligned}S_{\triangle PQR}&=S_{矩形QXYZ}-S_{\mathrm{Rt}\triangle PQX}-S_{\mathrm{Rt}\triangle PYR}-S_{\mathrm{Rt}\triangle QRZ}\\&=\left(\frac{16}{3}+\frac{8}{3}\right)(4+2)-\frac{1}{2}\left(\frac{4}{3}+\frac{8}{3}\right)(4+2)-\\&\quad\frac{1}{2}\left(\frac{16}{3}-\frac{4}{3}\right)(1+2)-\frac{1}{2}\left(\frac{16}{3}+\frac{8}{3}\right)(4-1)\\&=48-12-6-12=18\end{aligned}$$

(v)设图2(即原题中的图3)中的最小正三角形的边长是1,得:

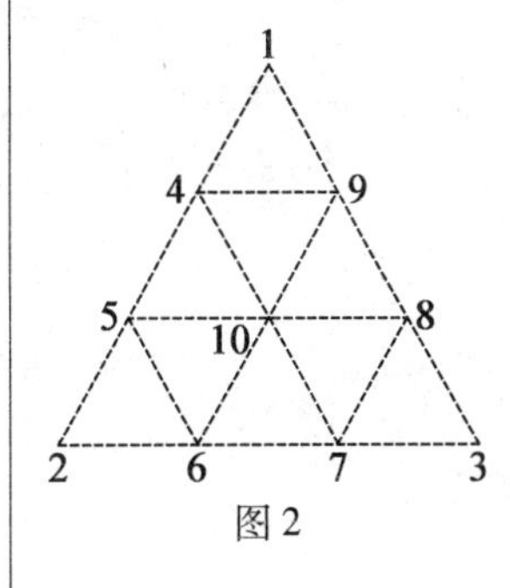

图2

边长是1的正三角形有9个,可求得这些三角形的“重量”之和是 $14+19+23+27+13+21+23+25+18=183$.

边长是2的正三角形有3个,可求得这些三角形的“重量”之和是 $14+13+18=45$.

边长是3的正三角形有1个,其“重量”是 $1+2+3=6$.

另外,“(5,7,9)”“(4,6,8)”也均是边长为$\sqrt{3}$的正三角形,它们的“重量”之和是 $21+18=39$.

在图2中,再没有其他的正三角形.

所以所求答案是 $183+45+6+39=273$.

Ⅲ. 如图3所示,联结 CF.

由题设知,可设

$$AB=BC=CD=CE=1$$

$$\angle CBD=\angle CDB=\angle ACB=\alpha \quad (0°<\alpha<90°)$$

$$\angle BCD=180°-2\alpha$$

可得

$$\angle CAF=30°$$

$$\begin{aligned}\angle ACF &= \angle ACB+\angle BCD+\angle DCF \\ &= \alpha+(180°-2\alpha)+30°=210°-\alpha\end{aligned}$$

又 $\angle CAF=30°$,所以 $\angle AFC=\alpha-60°$.

在等腰 $\triangle BCD$ 中,可得 $BD=2\cos\alpha$,所以 $AC=BD=2\cos\alpha$.

还可得 $CF=\sqrt{3}$.

所以在 $\triangle ACF$ 中,由正弦定理可得

$$\frac{\sqrt{3}}{\sin 30°}=\frac{2\cos\alpha}{\sin(\alpha-60°)}$$

$$\tan\alpha=\frac{5}{\sqrt{3}},\sin\alpha=\frac{5}{2\sqrt{7}},\cos\alpha=\frac{\sqrt{3}}{2\sqrt{7}},\sin 2\alpha=\frac{5}{14}\sqrt{3}$$

所以

$$S_{\triangle ABC}=S_{\triangle BCD}=\frac{1}{2}\sin 2\alpha=\frac{5}{28}\sqrt{3}$$

又 $S_{\triangle CDE}=\frac{\sqrt{3}}{4}$,所以 $\frac{S_{\triangle ABC}}{S_{\triangle CDE}}=\frac{5}{7}$,即 $\triangle ABC$ 和 $\triangle CDE$ 的面积之比是5:7.

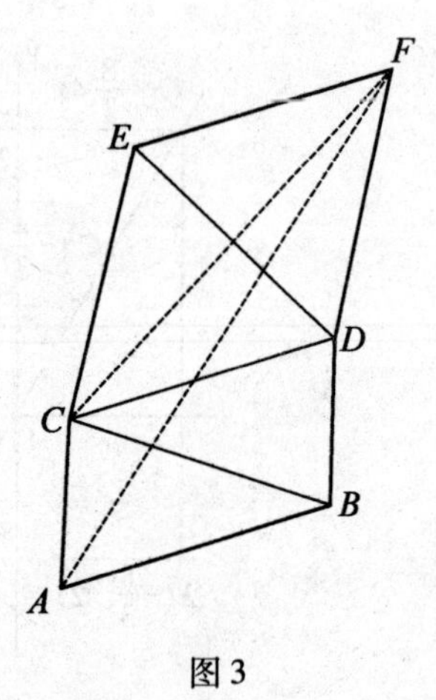

图3

日本第5届广中杯预赛试题参考答案(2004年)

Ⅰ.(i)原式$=\frac{11+3\times17}{31}+\frac{2\times6-5}{7}-\frac{2\times7+3\times8}{19}=2+1-2=1$.

(ii)同第1届初级广中杯预赛试题Ⅰ答案.

(iii)同第1届初级广中杯预赛试题Ⅱ答案.

(iv)同第1届初级广中杯预赛试题Ⅵ答案.

(v)同第1届初级广中杯预赛试题Ⅶ答案.

Ⅱ.(i)$1.666\ 66\times1.428\ 57\times840=\frac{5}{3}\times\frac{10}{7}\times840=2\ 000$.

(实际上,原式$=1\ 999.990\ 000\ 008$.)

(ii)21.

(iii)如图1所示,设圆柱过点A的母线与下底面的交点是点T.联结OT,过点P作$PN\perp OT$于点N,过点N作$NM\perp OA$于点M,过点P作$PP'\perp$平面$ABCD$于点P',联结OP',$P'M$.

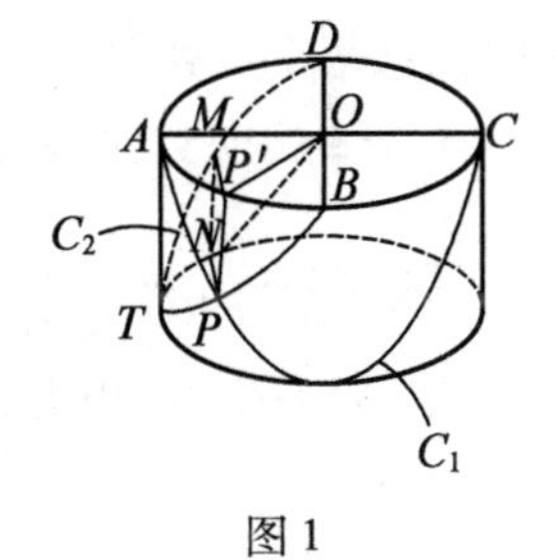

图1

由对称性可知,$\angle AOP'=\angle BOP'=45°$,所以$MP'=NP=\frac{1}{\sqrt{2}}$.

再由$\frac{ON}{OM}=\frac{OT}{OA}=\sqrt{2}$,得$ON=1$.所以$OP=\sqrt{NP^2+ON^2}=\frac{\sqrt{6}}{2}$.

(iv)由题意,可列出表1:

表1

抽出的牌的情形(相应扑克牌的张数)	秋子小姐回答的情形(相应扑克牌的张数)	
	是红桃7的张数	不是红桃7的张数
红桃7(1张)	$1\times99\%=0.99$	$1\times1\%=0.01$
不是红桃7(51张)	$51\times1\%=0.51$	$51\times99\%=50.49$
合计	1.5	50.5

所以,秋子小姐回答是红桃7而真是红桃7的概率是$\frac{0.99}{1.5}=66\%$.

Ⅲ. 如图2(即原题的图5)所示,由 $S_{\triangle ABP}=S_{\triangle BCQ}=1+5+1$ 及 $\dfrac{BC}{BP}=\dfrac{S_{\triangle ABC}}{S_{\triangle ABP}}$,$\dfrac{CA}{CQ}=\dfrac{S_{\triangle BCA}}{S_{\triangle BCQ}}$,得$\dfrac{BC}{BP}=\dfrac{CA}{CQ}$

所以可设$\dfrac{AQ}{QC}=\dfrac{CP}{PB}=\lambda$.

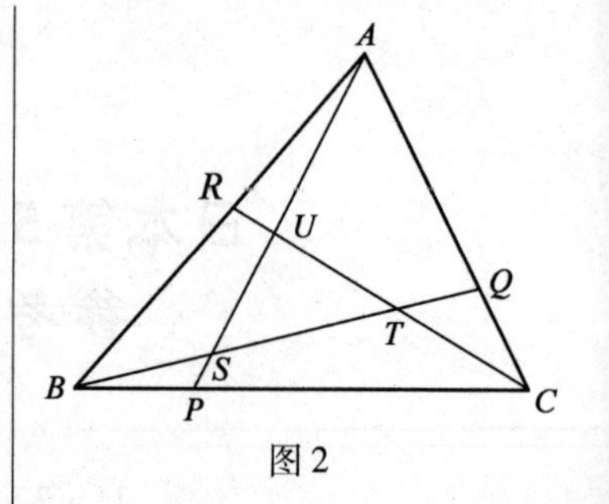

图2

设想△ABC 是一块没有质量的薄板. 在顶点 A,B,C 处分别放质量为 $1,\lambda,\lambda^2$ 个单位重置的物体,由杠杆原理"动力×动力臂=阻力×阻力臂"可得顶点 A,C 处重物的重心在点 Q 处,所以顶点 A,B,C 处重物的重心在直线 BQ 上,还可得顶点 B,C 处重物的重心在点 P 处,所以顶点 A,B,C 处重物的重心在直线 AP 上. 因而,顶点 A,B,C 处重物的重心在直线 BQ 与直线 AP 的交点 S 处.

因为顶点 B,C 处物体的质量分别为 λ,λ^2 个单位重量,这两个物体的重心在点 P 处,所以顶点 B,C 处物体的质量相当于集中在点 P 处且质量为 $\lambda+\lambda^2$ 个单位重量.

还可得$\dfrac{AS}{SP}=\dfrac{S_{\triangle BAS}}{S_{\triangle BSP}}=\dfrac{1+5}{1}=6$.

又因为在点 A,P 处分别放质量为 $1,\lambda+\lambda^2$ 个单位重量的物体后,这两个点处重物的重心在点 S 处,所以由杠杆原理可得$(\lambda+\lambda^2)\cdot SP=1\cdot AS$,即$(\lambda+\lambda^2)\cdot 1=1\cdot 6(\lambda>0)$,$\lambda=2$.

所以$2=\dfrac{CP}{PB}=\dfrac{S_{\triangle ACP}}{S_{\triangle APB}}=\dfrac{S_{\triangle STU}+5+1+5}{1+5+1}$,$S_{\triangle STU}=3$.

即△STU 的面积为3.

日本第5届广中杯决赛试题参考答案(2004年)

Ⅰ.(i)满足题设的5位正整数包括下面三类:

①无重复数字的5位正整数有 $A_5^5=120$ 个.

②恰有1个数字出现两次的有 $C_5^1C_4^3\cdot A_5^3=1\ 200$ 个(这个出现两次的数字有 C_5^1 种选法;剩下的3个两两互异的数字应从其余的4个数字中选,有 C_4^3 种选法;由这选出的5个数字(其中两个数字是相同的)排成5位正整数有 A_5^3 种排法——先从5个位置选3个位置按顺序排所选的3个两两互异的数字有 A_5^3 种排法,剩下的2个位置排剩下的2个相同数字有1种排法.由分步乘法计数原理可得答案).

③恰有2个数字出现两次的有 $C_5^2C_3^1\cdot C_5^2C_3^2C_1^1=900$ 个(这两个均出现两次的数字有 C_5^2 种选法;剩下的1个数字有 C_3^1 种选法;由这选出的5个数字排成5位正整数有 $C_5^2C_3^2C_1^1$ 种排法——先从5个位置选2个位置(有 C_5^2 种选法)排前2个相同的数字,再从剩下的3个位置选2个位置(有 C_3^2 种选法)排又2个相同的数字,还有1个位置排剩下的1个数字有1种排法.由分步乘法计数原理可得答案).

所以 $M=120+1\ 200+900=2\ 220$.显然,M 是10的倍数.

(ii)由对称性可知,在所排成的5位正整数中,首位数字是1,2,3的均有 $\frac{2\ 220}{5}=444$ 个.

因为 $444\times2<\frac{M}{2}=1\ 110<444\times3$,所以第 $\frac{M}{2}$ 个数即第1 110个数的首位数字是3.

形如31×××的5位正整数个数是 $A_5^3+C_3^1C_4^1C_3^1=96$(×,×,×在1,3,2,2,4,4,5,5中选:若所选的3个数字两两互异,得个数是 A_5^3;若所选的3个数字恰有2个相同,得个数是 $C_3^1C_4^1C_3^1$).

由对称性可知,形如32×××的5位正整数个数也是96.

形如33 1××的5位正整数个数是 $A_4^2+3=15$(×,×在1,2,2,4,4,5,5中选:若所选的2个数字互异,得个数是 A_4^2;若所选的2个数字相同,得个数是3).

由对称性可知,形如332××的5位正整数个数也是15.

又$444\times2+96\times2+15\times2=1\ 110=\frac{M}{2}$,所以第$\frac{M}{2}$个数是形如332××的最大数,即33 255.

(iii)由(ii)的解答可知,第$\frac{M}{5}$个数即第444个数是首位数字是1的最大数,即15 544.

(iv)由(ii)的解答可知,首位数字是1的有444个,所以第$\frac{M}{10}$个数即第222个数的首位数字是1.

形如11×××的5位正整数个数是$A_4^3+C_4^1C_3^1C_3^1=60$.

形如12×××的5位正整数个数是$A_5^3+C_3^1C_4^1C_3^1=96$.

由对称性可知,形如13×××的5位正整数个数也是96.

又$60+96<222<60+96+96$,所以第222个数是形如13×××的5位正整数.

形如131××的5位正整数个数是$A_4^2+3=15$.

由对称性可知,形如133××的5位正整数个数也是15.

形如132××的5位正整数个数是$A_5^2+2=22$.

形如133××的5位正整数个数是$A_4^2+3=15$.

形如13 41×的5位正整数个数是4.

形如13 42×的5位正整数个数是5.

形如13 43×的5位正整数个数是4.

因为$60+96+96+15+22+15+4+5+4=221$,所以第222个数是13 441.

Ⅱ.(i)同第1届初级广中杯决赛试题Ⅰ(i)答案.

(ii)同第1届初级广中杯决赛试题Ⅰ(ii)答案.

(iii)153.

(iv)同第1届初级广中杯决赛试题Ⅰ(iii)答案.

Ⅲ.(i)由$\varphi^2-\varphi-1=0$,可证$\varphi^2+(2\varphi)^2=(\varphi+2)^2$.再由勾股定理的逆定理,可得欲证成立.

(ii)$(\varphi+2):2\varphi$.

Ⅳ.(i)924.

(ii)72.

(iii)2 553.

Ⅴ.在前99次中平局有44次,即石头、剪子、布各出现了44次.

在前99次中一人获胜有33次.可设石头胜出现了x次,同时

剪子出现了 $2x$ 次;剪子胜出现了 y 次,同时布出现了 $2y$ 次;布胜出现了 $33-x-y$ 次,同时石头出现了 $2(33-x-y)$ 次.此时得石头共出现了 $66-x-2y$ 次,剪子共出现了 $2x+y$ 次.

在前 99 次中两人获胜有 22 次.可设石头胜出现了 $2x'$ 次,同时剪子出现了 x' 次;剪子胜出现了 $2y'$ 次,同时布出现了 y' 次;布胜出现了 $2(22-x'-y')$ 次,同时石头出现了 $22-x'-y'$ 次.此时得石头共出现了 $22+x'-y'$ 次,剪子共出现了 $x'+2y'$ 次.

设第 100 次猜拳中,石头、剪子、布分别出现了 $a,b(a,b\in\{0,1,2,3\};a+b\leqslant 3)$ 次.

由题设"在 100 次猜拳中,三个人所有的出拳中,石头、剪子、布各出现了 100 次",得

$$\begin{cases}44+(66-x-2y)+(22+x'-y')+a=100\\44+(2x+y)+(x'+2y')+b=100\end{cases}$$

即

$$\begin{cases}2x+4y-2x'+2y'-2a=64\\2x+y+x'+2y'+b=56\end{cases}$$

把这两个等式相减后,可得 $3\mid a-b+1$.

又 $a,b\in\{0,1,2,3\};a+b\leqslant 3$,所以 $(a,b)=(0,1),(1,2)$ 或 $(2,0)$,即第 100 次猜拳中,石头、剪子、布分别出现了(1 次剪子、2 次布),(1 次石头、2 次剪子)或(2 次石头、1 次布).这三种情形均是一人获胜,所以选(A).

日本第2届初级广中杯预赛试题参考答案(2005年)

Ⅰ. C. 可得 $S=\frac{5}{4}\tan 54°, T=\frac{3}{2}\sqrt{3}=\frac{6}{4}\tan 60°$,所以 $S<T$.

Ⅱ. 所给等式即

$$\overline{AB00}+\overline{0AC0}+\overline{00AD}+\overline{D00B}=3\ 766$$

由首位数字相加,可知 $A,D\in\{1,2,3\}$,可得

$$D+B=6, C+A=6, B+A=7, A+D=3$$

从而可得答案是唯一的:$A=2, B=5, C=4, D=1$.

Ⅲ. 所求答案为

$$(1+2+3+\cdots+100)-(5+15+25+\cdots+95)-$$
$$(50+51+52+\cdots+59)+55$$
$$=\frac{100(1+100)}{2}-\frac{10(5+95)}{2}-\frac{10(50+59)}{2}+55$$
$$=5\ 050-500-545+55=4\ 060$$

Ⅳ. 5,9,4.

Ⅴ. 设第一次将原稿放大到 $x\%$,第二次将原稿放大到 $y\%$(x, $y\in\{101,102,103,\cdots,199\}$),得

$$x\%\cdot y\%=200\%$$
$$xy=20\ 000=2^5\cdot 5^4$$

所以 $x=2^{\alpha}\cdot 5^{\beta}$($\alpha=0,1,2,3,4$ 或 5;$\beta=0,1,2,3$ 或 4).

由 $x\in\{101,102,103,\cdots,199\}$,可试验得出 $(x,y)=(125,160)$ 或 $(160,125)$.

所以所求的答案是 125%→160% 或 160%→125%.

Ⅵ. **解法1** 设原来的数是 $\overline{abc}$,可得

$$\overline{abc}\cdot\overline{cba}=92\ 565$$

由竖式乘法的个位相乘,可得 $a=5$ 或 $c=5$.

若 $a=5$,得 $\overline{5bc}\cdot\overline{cb5}=92\ 565$. 再由竖式乘法的首位相乘,可得 $c=1$. 所以 $\overline{5b1}\cdot\overline{1b5}=92\ 565$,即

$$(501+10b)(105+10b)=92\ 565$$
$$(10b)^2+606\cdot(10b)-39\ 960=0$$

$$b=6$$

得此时原来的数是561.

若 $c=5$,同理可求得原来的数是165.

所以原来的数是165或561.

解法2 同解法1,可得原来的数是$\overline{1b5}$或$\overline{5b1}$,且

$$\overline{1b5}\times\overline{5b1}=92\ 565=3^2\times5\times11^2\times17$$

若 $17\mid\overline{1b5}$,得 $85\mid\overline{1b5}$.由 $85\times1=85$,$85\times2=170$,$85\times3=255$ 知此时不可能!所以是 $17\mid\overline{5b1}$.

可得 $121\mid\overline{1b5}$,$121\mid\overline{5b1}$均不可能,所以 $11\mid\overline{1b5}$,$11\mid\overline{5b1}$均成立.

若 $9\mid\overline{1b5}$或 $9\mid\overline{5b1}$,得 $b=3$,但不满足 $11\mid\overline{1b5}$,所以 $3\mid\overline{1b5}$,$3\mid\overline{5b1}$均成立.

得 $3\times5\times11\mid\overline{1b5}$,$3\times11\times17\mid\overline{5b1}$均成立.进而可得 $b=5$.

验证后可得原来的数是165或561.

Ⅶ.可如图1所示建立平面直角坐标系,并可得点 A,B,C,D,M,N 的坐标.

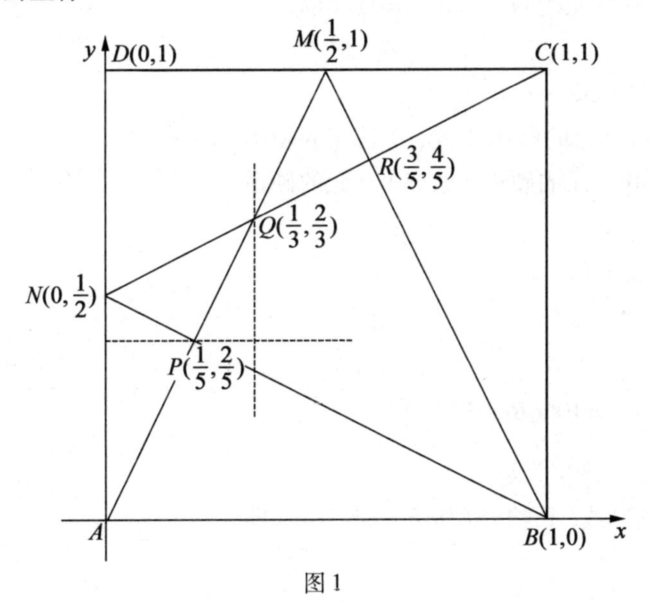

图1

还可求得直线的方程

$$CN:y=\frac{1}{2}x+\frac{1}{2},AM:y=2x$$

$$BN:y=-\frac{1}{2}x+\frac{1}{2},BM:y=-2x+2$$

进而可求得点的坐标 $P\left(\frac{1}{5},\frac{2}{5}\right)$,$Q\left(\frac{1}{3},\frac{2}{3}\right)$,$R\left(\frac{3}{5},\frac{4}{5}\right)$,所以

$$
\begin{aligned}
S_{\text{四边形}BPQR} &= S_{\triangle BCN}-S_{\triangle PQN}-S_{\triangle BCR}\\
&=\frac{1}{2}\times1\times1-\left[\frac{1}{2}\left(\frac{1}{2}-\frac{2}{5}+\frac{2}{3}-\frac{2}{5}\right)\times\frac{1}{3}-\right.\\
&\left.\frac{1}{2}\times\frac{1}{5}\left(\frac{1}{2}-\frac{2}{5}\right)-\frac{1}{2}\left(\frac{1}{3}-\frac{1}{5}\right)\left(\frac{2}{3}-\frac{2}{5}\right)\right]-\\
&\frac{1}{2}\times1\times\left(1-\frac{3}{5}\right)\\
&=\frac{1}{2}-\frac{1}{30}-\frac{1}{5}=\frac{4}{15}
\end{aligned}
$$

Ⅷ. 设左边的250日元由100日元的硬币$x(x=0,1,2,3$或$4)$枚,50日元的硬币$y(y=0$或$1)$枚,10日元的硬币$z(z=0,1,2,3,4$或$5)$枚组成,得

$$100x+50y+10z=250$$
$$10x+5y+z=25$$

得$5\mid z$,所以$z=0$或5.

进而可得$(x,y,z)=(2,1,0)$或$(2,0,5)$.

由此还得,共有2种组合情况:

(1)左边的250日元由100日元的硬币2枚、50日元的硬币1枚组成;右边的250日元由100日元的硬币2枚、10日元的硬币5枚组成.

可得此时的排列方法总数是$C_3^2C_1^1\cdot C_7^2C_5^5=63$.

(2)左边的250日元由100日元的硬币2枚、10日元的硬币5枚组成;右边的250日元由100日元的硬币2枚、50日元的硬币1枚组成.

可得此时的排列方法总数也是63.

所以所求答案是$63\times2=126$.

Ⅸ. 可得

$$3(A\times10^5+\overline{BCDEF})=10\times\overline{BCDEF}+A$$
$$\overline{BCDEF}=42\ 857\times A$$

所以$(A=1,\overline{BCDEF}=42\ 857)$或$(A=2,\overline{BCDEF}=85\ 714)$,即$\overline{ABCDEF}=142\ 857$或$285\ 714$.

Ⅹ. 如图2所示.

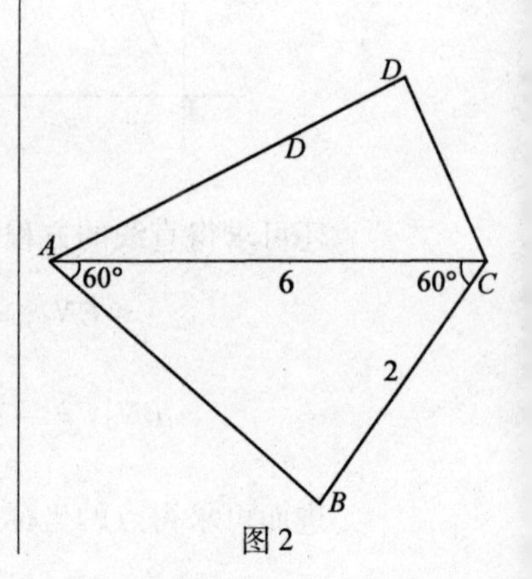

图2

由条件(ii),可设$BC=2,AC=6$. 又$\angle ACB=60°$,所以由余弦定理可得$AB=2\sqrt{7}$.

再由条件(i)知,$AD=3\sqrt{7}$.

在$\triangle ABC$中,由正弦定理可求得$\sin\angle BAC=\frac{\sqrt{3}}{2\sqrt{7}}$,所以

$\cos\angle BAC=\frac{5}{2\sqrt{7}}$.

再得 $\cos\angle CAD=\cos(60°-\angle BAC)=\cdots=\frac{2}{\sqrt{7}}$.

在 $\triangle ACD$ 中,由余弦定理可求得 $CD=3\sqrt{3}$.

所以 $CD^2+CA^2=AD^2$,即 $\angle ACD$ 的度数是 $90°$.

日本第2届初级广中杯决赛试题参考答案(2005年)

Ⅰ.(i)设所求 n 的最小值是三位正整数 $\overline{abc}(a\leqslant b\leqslant c)$.

由 $105=3\times5\times7=abc$,且3,5,7都是质数,得 $3\mid a$ 或 $3\mid b$ 或 $3\mid c$,….

进而可得所求 n 的最小值是357.

(ii)设所求 n 的最大值是四位正整数 $\overline{abcd}(a\geqslant b\geqslant c\geqslant d)$.

由 $210=2\times3\times5\times7=abcd$,且2,3,5,7都是质数,可得 $a=7$.

进而可得答案是7 651.

(iii)因为 $2^{10}=1\ 024$,所以可设五位正整数 $n=\overline{2^{\alpha}2^{\beta}2^{\gamma}2^{\delta}2^{\varepsilon}}$($\alpha,\beta,\gamma,\delta,\varepsilon\in\{0,1,2,3\}$;$\alpha+\beta+\gamma+\delta+\varepsilon=10$).

可得 $(\alpha,\beta,\gamma,\delta,\varepsilon)$ 是(3,3,3,1,0),(3,3,2,2,0),(3,3,2,1,1),(3,2,2,2,1),(2,2,2,2,2)中某一组数的一个排列.

由有重复元素的排列方法,可得答案为

$$\begin{aligned}&C_5^3C_2^1C_1^1+C_5^2C_3^2C_1^1+C_5^2C_3^1C_2^2+C_5^1C_4^3C_1^1+C_5^5\\&=20+30+30+20+1=101\end{aligned}$$

(iv)$f(f(2\ 005n))\neq0$,这要求 $f(2\ 005n)$ 的各位数不能为0;可知 n 是奇数,得2 005n 的个位数为5,进而2 005n 各位数不能含有偶数,可设

$$n=10^m a_m+10^{m-1}a_{m-1}+10^{m-2}a_{m-2}+\cdots+10a_1+a_0$$

其中,$0\leqslant a_i\leqslant9(0\leqslant i\leqslant m)$,且 $a_i\in\mathbf{Z}$,$a_m\neq0$,a_0 为奇数.得

$$\begin{aligned}2\ 005n&=2\ 000n+5n\\&=(2\times10^{m+3}a_m+2\times10^{m+2}a_{m-1}+\cdots+2\times10^4a_1+2\times10^3a_0)+\\&\quad(5\times10^m a_m+5\times10^{m-1}a_{m-1}+\cdots+5\times10a_1+5a_0)\end{aligned}$$

接下来考虑两个条件,2 005n 各位都不为0,各位都不含有偶数.

从低位开始研究,2 005n 的千位 $2a_0$ 是偶数,显然 n 是一位数、二位数时均不满足题意,若 n 最小是3位数,由 $5\times10^2a_2+5\times10a_1+5a_0$ 知,a_2 最小为2,设

$$n=200+10a+b$$

$$2\ 005n=4\times10^5+2\times10^4a+2\times10^3b+1\ 000+5\times10a+5b$$

考虑到10^5位,4是偶数,知$2a \geqslant 10$,a最小为5,但此时10^2位为2,所以a最小为6,考虑10^4位,$2b$是偶数,$2b+1 \geqslant 10$,b最小为5,但此时$5b=25$,十位为2,所以b最小为7,得n的最小值为267.

验证:$2\,005 \times 267 = 535\,335$,$f(535\,335) = 3\,375$,$f(3\,375) = 315$.

所以答案是267.

Ⅱ.(i)共有4个,分别是图1的四种情形.

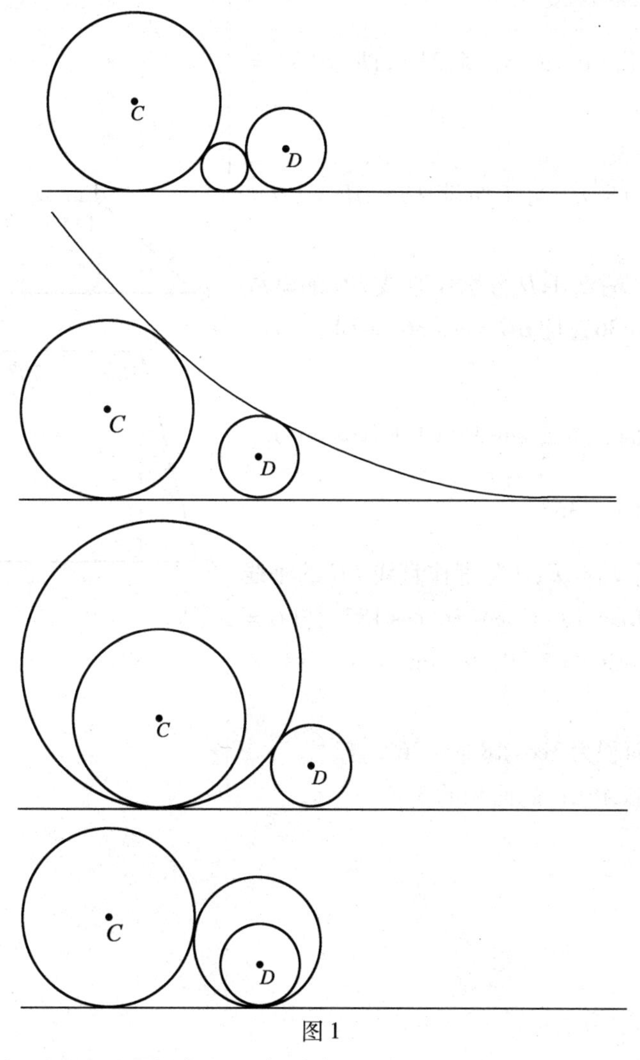

图1

(ii)图2(即原题图2)中最右"×?? △"中的"??"的排列方式有3种:△○;△×;○×.

图2中最左"??????"中的每个"?"(从右向左排)均有2种排法.

所以所求答案是$3 \times 2^6 = 192$.

? ? ? ? ? ? × ? ? △

图2

(iii)24.

(iv)设太郎写出的前两个正整数分别是 a,b,可得写出的前11个数依次是

$$a,b,a+b,a+2b,2a+3b,3a+5b,5a+8b,$$
$$8a+13b,13a+21b,21a+34b,34a+55b$$

所以 $34a+55b=2\,005$.

可设 $a=5a'$(a'是正整数),得 $34a'+11b=401$.

由此可得$\begin{cases}a'=5+11t\\b=21-34t\end{cases}$($t$ 是整数).

再由 a',b 均是正整数,可得$(a',b)=(5,21)$,即$(a,b)=(25,21)$.

(v)2,5,6,12.

Ⅲ.如图3(即原题中的图3)所示,可不妨设 $AB=AD=EH=1$.

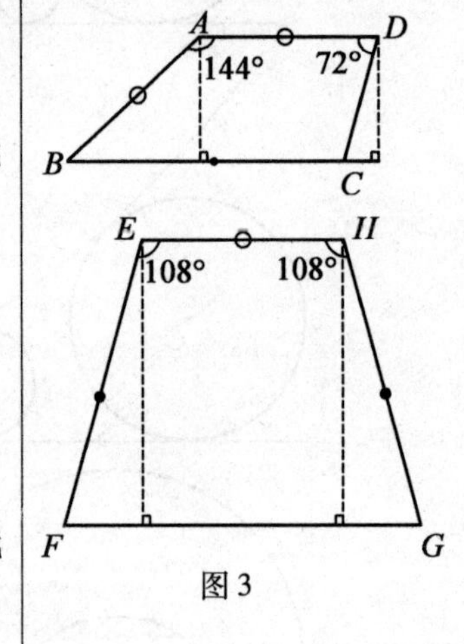

图3

过梯形 $ABCD$ 的上底的两个端点 A,D 分别作直线 BC 的垂线后,可求得梯形 $ABCD$ 的高为 $\sin 36°$,且 $BC=\cos 36°+[1-(1-\cos 36°)]=2\cos 36°$.

所以可求得梯形 $ABCD$ 的面积为$\frac{1}{2}\sin 36°(1+2\cos 36°)=\frac{1}{2}(\sin 36°+\frac{1}{2}\sin 72°)=\cos 18°\cos 36°$.

过梯形 $EFGH$ 的上底的两个端点 E,H 分别作直线 FG 的垂线后,可求得梯形 $EFGH$ 的高为 $BC\cos 18°=2\cos 36°\cos 18°$,且$FG=1+2BC\sin 18°=1+4\sin 18°\cos 36°=2$(因为 $4\sin 18°\cos 18°\cdot\cos 36°=\sin 72°=\cos 18°$).

所以可求得梯形 $EFGH$ 的面积为 $3\cos 18°\cos 36°$.

即梯形 $EFGH$ 的面积为梯形 $ABCD$ 的面积的3倍.

日本第 6 届广中杯预赛试题参考答案(2005 年)

Ⅰ.(i)C. 可得边长为 1 的正 n 边形的面积为 $S_n=\dfrac{n}{4\tan\dfrac{\pi}{n}}$,进而可得 $S_n<S_{n+1}$. 所以 $S<T$.

(ii)同第 2 届初级广中杯预赛试题Ⅱ答案.

(iii)只有如图 1 所示的 4 种情形.

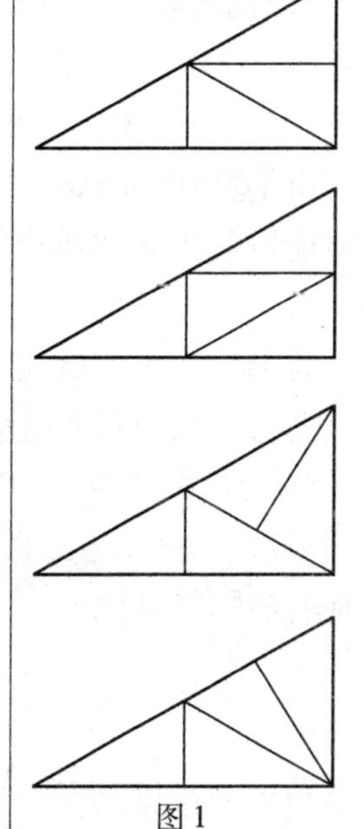
图 1

(iv)可设 $3a=4b=5c=xd=60kx(k\neq 0)$,得 $a=20kx$, $b=15kx$, $c=12kx$, $d=60k$.

再由 $\dfrac{4b}{a+b+c+d}=\dfrac{4}{5}$,得 $a+c+d=4b$, $32kx+60k=60kx$, $x=\dfrac{15}{7}$.

注 可把题设中的"正实数"改为"复数".

(v)满足题设的正整数有 C_{10}^5 个,且把它们前面补 0 后均可变成 10 位数码,这些数码中 1 的个数共有 $5C_{10}^5$ 个.

由对称性知,这些 1 在个位、十位、百位、……、十亿位上出现的次数相等,且都出现了 $\dfrac{5C_{10}^5}{10}$ 次,所以所求的平均数是

$$\frac{\dfrac{5C_{10}^5}{10}\cdot 1\ 111\ 111\ 111}{C_{10}^5}=555\ 555\ 555.5$$

Ⅱ.(i)

$$\begin{aligned}&171.4\times3.28+114.8\times6.56+449.2\times4.01-120.3\times9.24\\=&(17.14\times32.8+22.96\times32.8)+\\&(44.92\times40.1-40.1\times27.72)\\=&40.1\times32.8+40.1\times17.2\\=&40.1\times50\\=&2\ 005\end{aligned}$$

(ii)由①④中"棘上肌"的英文名称不一样,得①④不可能均全对,所以排除(D).

由选项知,在①②③④⑤中有且仅有三个全对.

若②③均全对,可得⑤也全对. 由此可排除选项(A)(B).

若④⑤均全对,可得②也全对. 由此可排除选项(C).

所以由排除法知,选(E),即秋子回答的"□"是(E).

(ii)**的另解** 由①④中"棘上肌"的英文名称不一样,得①④不可能均全对,所以排除(D).

由选项知,在①②③④⑤中有且仅有三个均全对.

若②③均全对,可得⑤也全对.由此可排除选项(A)(B).

所以本题选(C)或(E),得(C),(E)的公共部分"⑤"一定是全对的.

若②不全对,得"大胸肌"的英文名称错误,所以④也不全对.

得②④均不全对,说明①③⑤均全对.但无此选项,所以②全对,排除(C),选(E).

所以由排除法知,选(E),即秋子回答的"□"是(E).

(ii)**的再解** 由①④中"棘上肌"的英文名称不一样,得①④不可能均全对,所以排除(D).再由选项知,②③⑤不可能均全对,即①④中一个全对另一个不全对.

由①③中"supraspinatus muscle"的中文名称不一样,得①③不可能均全对,所以排除(A).且可得①③中一个全对另一个不全对.

若①不全对,得③④均全对,选(B)或(C).

若选(B),可得⑤也全对;若选(C),可得②也全对.而由选项知,在①②③④⑤中有且仅有三个均全对.

所以①全对,得③④均不全对,即①②⑤均全对,选(E),即秋子回答的"□"是(E).

(iii)在图2(即原题的图2)中,设$\angle BPR=\theta\left(0<\theta<\frac{\pi}{2}\right)$,可得正$\triangle PQR$的边长$PR=\frac{1}{\cos\theta}$.

在$\triangle CPQ$中,可得$\angle CPQ=120°-\theta$,$\angle PCQ=60°$,所以$\angle PQC=\theta$.

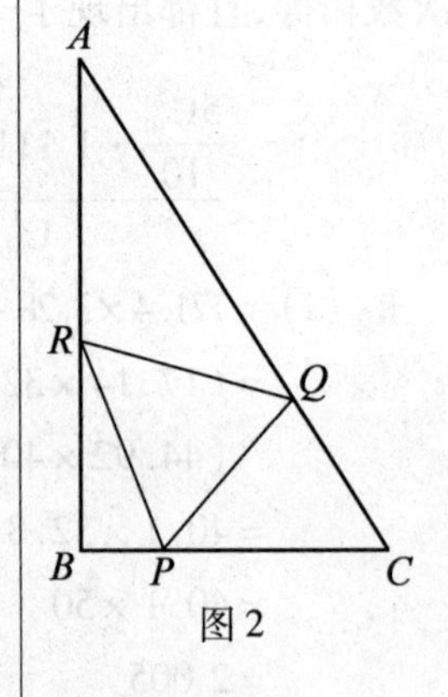

图2

由正弦定理,得$\frac{PC}{\sin\angle PQC}=\frac{PQ}{\sin\angle C}$,即$\frac{2}{\sin\theta}=\frac{\frac{1}{\cos\theta}}{\sin 60°}$,$\theta=60°$.

得$\triangle CPQ$是正三角形.所以正$\triangle PQR$的边长即正$\triangle CPQ$的边长$PQ=\frac{1}{\cos 60°}=2$.

(iv)可得

$$3(A\times10^5+\overline{BCDEF})=10\times\overline{BCDEF}+A$$

$$\overline{BCDEF}=42\,857\times A$$

所以($A=1,\overline{BCDEF}=42\ 857$)或($A=2,\overline{BCDEF}=85\ 714$),即 $\overline{ABCDEF}=142\ 857$ 或 $285\ 714$.

Ⅲ.(i)设这三个圆的共同外切圆的圆心为点 O,半径为 r,得 $|OA|=|OB|=|OC|=r+1$,所以点 O 是 Rt$\triangle ABC$ 的外心,即斜边 CA 的中点.

得 $r+1=|OA|=\dfrac{|AB|}{2}=\dfrac{5}{2}$,$r=\dfrac{3}{2}$.

(ii)如图3所示,设共同内切圆和共同外切圆的圆心分别是 O,O',相应的切点分别是 A,B,C,A',B',C'.

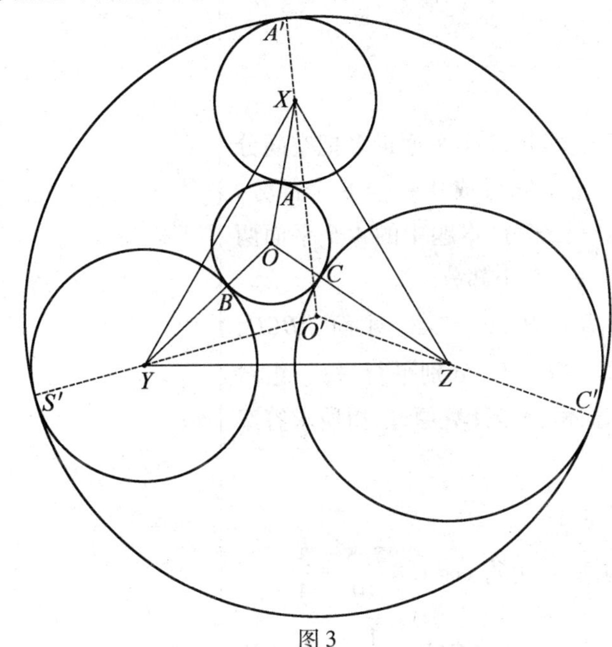

图3

可得 $OX=OA+2,OY=OB+3,OZ=OC+4,OA=OB=OC=r$,所以 $OY=OX+1,OZ=OY+1$.

还得 $O'A'=O'X+2,O'B'=O'Y+3,O'C'=O'Z+4,O'A'=O'B'=O'C'=R$,所以 $O'X=O'Y+1,O'Y=O'Z+1$.

因为点 O 由 $OY=OX+1,OZ=OY+1$ 确定,即双曲线 $|OY-OX|=1,|OZ-OY|=1$ 的各一支的交点,点 O' 由 $O'X=O'Y+1,O'Y=O'Z+1$ 确定,即双曲线 $|O'Y-O'X|=1,|O'Z-O'Y|=1$ 的各另一支的交点.

再由双曲线的对称性,可得 $OY=O'Y$.

又 $OY=OX+1,O'X=O'Y+1$,得 $O'X-OX=2$.

所以 $R-r=(O'X+2)-(OX-2)=O'X-OX+4=6$.

日本第6届广中杯决赛试题参考答案(2005年)

Ⅰ. 同第2届初级广中杯决赛试题Ⅰ答案.

Ⅱ. (i)11,1.

(ii)8.

(iii)160.

(iv)26.

Ⅲ. (i)1个平面把空间分成2个部分,2个平面最多把空间分成$2+2=4$个部分,3个平面最多把空间分成$4+4=8$个部分,4个平面最多把空间分成$8+7=15$个部分.本题中的4个平面两两相交,所以答案就是最多的情形,为15个部分.

(ii)正六面体$ABCD-A_1B_1C_1D_1$的三组对面$ABCD$, $A_1B_1C_1D_1$;ABB_1A_1, DCC_1D_1;ADD_1A_1, BCC_1B_1分别平行.每一组对面所在的平面将空间分为3个部分,由分步计数原理,得所求答案为$3^3=27$个部分.

(iii)59个部分.

Ⅳ. 作出等腰$\triangle ABC$底边上的高后,可得$\cos C=\frac{7.5}{10}=\frac{3}{4}$.

在$\triangle ACD$中,由余弦定理,可求得$\cos\angle CAD=\frac{1}{8}$;在$\triangle ABD$中,由余弦定理,可求得$\cos\angle ADB=-\frac{9}{16}$.

由$\frac{1}{8}=\cos\angle CAD=2\cos^2\frac{\angle CAD}{2}-1$,可得$\cos\frac{\angle CAD}{2}=\frac{3}{4}$.

由$-\frac{9}{16}=\cos\angle ADB=4\cos^3\frac{\angle ADB}{3}-3\cos\frac{\angle ADB}{3}$,可得

$$\cos\frac{\angle ADB}{3}=\frac{3}{4},\frac{-\sqrt{21}-3}{8},\frac{\sqrt{21}-3}{8}$$

由$0<\frac{\angle ADB}{3}<\frac{\pi}{3}$,得$\frac{1}{2}<\cos\frac{\angle ADB}{3}<1$,可得$\cos\frac{\angle ADB}{3}=\frac{3}{4}$.

所以$\cos\frac{\angle CAD}{2}=\cos\frac{\angle ADB}{3}$, $\frac{\angle CAD}{2}=\frac{\angle ADB}{3}$, $\angle CAD:\angle ADB=2:3$.

V.(i)因为$A=\frac{4}{9}(10^{2\,005}-1)$,所以$A^2=\frac{16}{81}[10^{4\,010}-(10^{2\,006}-1)]$.

相对于$10^{4\,010}$来说,$10^{2\,006}-1$是微乎其微的,它会影响A^2的大小;但不会影响到A^2的前两位(计数单位分别是$10^{4\,009}$,$10^{4\,008}$).

又$\frac{16}{81}=0.197\,53\cdots$,所以我们猜测$A^2$在十进制表示中的前两位是19.

若能证明$19\times10^{4\,008}<A^2=\frac{16}{81}[10^{4\,010}-(10^{2\,006}-1)]<20\times10^{4\,008}$,便得以上答案

$$\frac{16}{81}[10^{4\,010}-(10^{2\,006}-1)]<\frac{16}{81}\times10^{4\,010}<20\times10^{4\,008}$$

还可得

$$\frac{40}{9}-\sqrt{19}>\frac{0.4}{9}>\frac{4}{9\times10^{2\,004}}$$

$$\frac{4}{9}(10^{2\,005}-1)>\sqrt{19}\times10^{2\,004}$$

$$19\times10^{4\,008}<\frac{16}{81}[10^{4\,010}-(10^{2\,006}-1)]$$

所以欲证结论成立.

得所求答案为19.

(ii)由竖式乘法,可得

$$\underbrace{111\cdots11}_{2\,005个}{}^2=1+2\times10+3\times10^2+\cdots+2\,005\times10^{2\,004}+k\times10^{2\,005}(k是一个确定的正整数)$$

$$=\frac{18\,044\times10^{2\,005}+1}{81}+k\times10^{2\,005}(用错位相减法)$$

所以

$$A^2=\underbrace{444\cdots44}_{2\,005个}{}^2=\frac{288\,704\times10^{2\,005}+16}{81}+16k\times10^{2\,005}$$

$$=\frac{20\times10^{2\,005}+16}{81}+(16k+3\,564)\times10^{2\,005}$$

$$=\frac{38\times10^{2\,004}+16}{81}+[10(16k+3\,564)+2]\times10^{2\,004}$$

由此说明,正整数A^2在十进制表示中的从右往左第2 005位是2.

日本第3届初级广中杯预赛试题参考答案(2006年)

Ⅰ. 如图1(即原题的图1)所示,设圆和正方形公共部分的面积为 A,可得

$$4S+A=\text{正方形的面积}=\text{圆的面积}=4T+A$$

得 $T=S=1$.

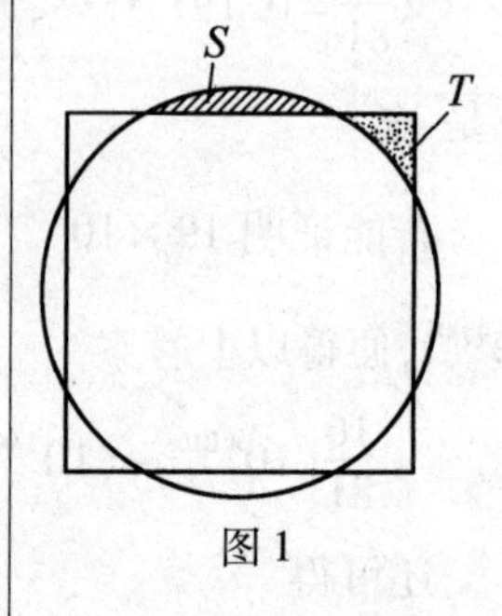

图1

Ⅱ. **解法1** 可得

$$\frac{1}{11}+\frac{1}{12}+\frac{1}{13}+\cdots+\frac{1}{20}>\frac{1}{20}\times10=\frac{1}{2}$$

$$\frac{1}{21}+\frac{1}{22}+\frac{1}{23}+\cdots+\frac{1}{30}>\frac{1}{30}\times10=\frac{1}{3}$$

$$\frac{1}{31}+\frac{1}{32}+\frac{1}{33}+\cdots+\frac{1}{40}>\frac{1}{40}\times10=\frac{1}{4}$$

$$\vdots$$

$$\frac{1}{91}+\frac{1}{92}+\frac{1}{93}+\cdots+\frac{1}{100}>\frac{1}{100}\times10=\frac{1}{10}$$

把它们相加后,可得 $T>S$,即选(C).

解法2 用分析法可证得 $\frac{1}{x}+\frac{1}{y}\geqslant\frac{4}{x+y}(x>0,y>0)$(当且仅当 $x=y$ 时取等号),所以

$$\frac{1}{7n-3}+\frac{1}{7n-2}+\frac{1}{7n-1}+\frac{1}{7n}+\frac{1}{7n+1}+\frac{1}{7n+2}+\frac{1}{7n+3}$$

$$=\left(\frac{1}{7n-3}+\frac{1}{7n+3}\right)+\left(\frac{1}{7n-2}+\frac{1}{7n+2}\right)+\left(\frac{1}{7n-1}+\frac{1}{7n+1}\right)+\frac{1}{7n}$$

$$>\frac{4}{14n}+\frac{4}{14n}+\frac{4}{14n}+\frac{1}{7n}=\frac{1}{n}\quad(n\in\mathbf{N}^*)$$

即

$$\frac{1}{7n-3}+\frac{1}{7n-2}+\frac{1}{7n-1}+\frac{1}{7n}+\frac{1}{7n+1}+\frac{1}{7n+2}+\frac{1}{7n+3}>\frac{1}{n}\quad(n\in\mathbf{N}^*)$$

在此结论中,令 $n=2,3,4,\cdots,10$ 后,把得到的不等式相加,得

$$\frac{1}{11}+\frac{1}{12}+\frac{1}{13}+\cdots+\frac{1}{73}>\frac{1}{2}+\frac{1}{3}+\frac{1}{4}+\cdots+\frac{1}{10}$$

所以 $S<T$,选(C).

Ⅲ. 如图2所示,设水平线 AB(点 A,B 在车厢运动的圆圈上)

与地面的距离是30 m,可得车厢应在劣弧$\overset{\frown}{AB}$上运动时,能看到“好景色”.

在$\triangle OAB$中,可得$\angle A=\angle B=30°$,所以$\angle AOB=120°$,它是周角的$\frac{1}{3}$,所以能看到“好景色”的时间是观览车转一圈所需时间14分钟的$\frac{1}{3}$,即4分40秒.

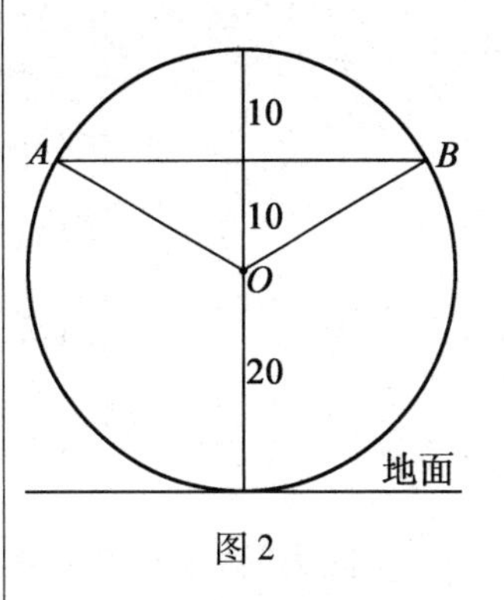

图2

Ⅳ. 可得$21\times22\times23\times24\times25\times26=(3\times7)\times(2\times11)\times23\times(2\times12)\times(5\times5)\times(2\times13)=(11\times12\times13\times14\times15\times16)\times\frac{23\times5}{4}$,所以

$$
\begin{aligned}
x&=(21\times22\times23\times24\times25\times26)\times123\,456n+456\,789\quad(n\text{是正整数})\\
&=(11\times12\times13\times14\times15\times16)\times\frac{23\times5}{4}\times123\,456n+456\,789\\
&=(11\times12\times13\times14\times15\times16)\times\left(23\times5\times\frac{123\,456}{4}n\right)+\\
&\quad 456\,789(n\text{是正整数})
\end{aligned}
$$

又$456\,789<10^6<11\times12\times13\times14\times15\times16$,所以所求答案是456 789.

Ⅴ. 设发动机使电动船在静水中行驶的速度是v m/min,水流速度是v_0 m/min,从A村到B村的行程是s m. 由题意,得

$$
\begin{cases}5(v-v_0)-5v_0+5(v-v_0)=s\\5(v+v_0)=s\end{cases}
$$

可得

$$v=4v_0,s=25v_0$$

如果发动机不发生故障,这艘船从A村行驶到B村的时间为$\frac{S}{v-v_0}=8\frac{1}{3}(\text{min})=8$分20秒.

Ⅵ. 如图3所示,联结AE,DQ.

由$\triangle APD,\triangle EPQ$的面积相等,得$\triangle ABQ,\triangle BDE$的面积相等,即$BA\cdot BQ=BD\cdot BE$,所以$\frac{BE}{BQ}=\frac{BA}{BD}=\frac{3}{2}$,$AE/\!/DQ$,且$\frac{QB}{QE}=2$.

由$AE/\!/DQ$,可得$\frac{AP}{PQ}=\frac{AE}{DQ}=\frac{BA}{BD}=\frac{3}{2}$.

由$\triangle EPQ,\triangle BCQ$的面积相等,得$QE\cdot QP=QB\cdot QC$,$\frac{PQ}{QC}=\frac{QB}{QE}=2$.

所以$AP:PQ:QC=3:2:1$.

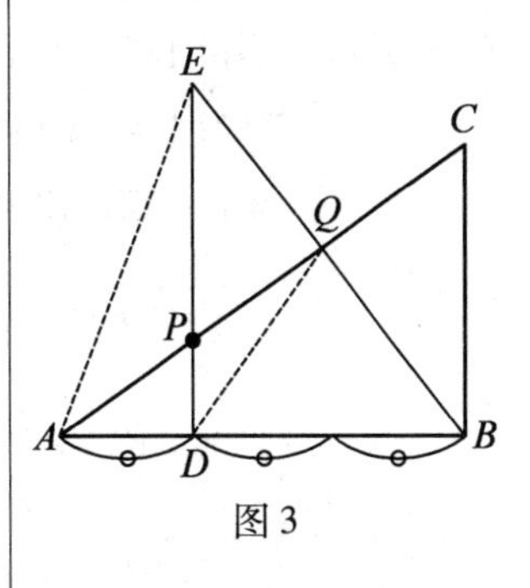

图3

Ⅶ. 可得框中的5个条件分别是:

(1)$4\dfrac{307}{418}\leqslant x\leqslant 6\dfrac{635}{888}$;
(2)$3.14\leqslant x\leqslant 3\dfrac{242}{243}$;
(3)x 为正整数;
(4)$7\dfrac{475}{567}\leqslant x\leqslant 9\dfrac{475}{567}+\dfrac{19}{890}$;
(5)$x\leqslant 5\dfrac{1}{16}$.

因为"数 x 存在且唯一",所以条件(3)满足. 再由此得(2)不满足.

因为(1),(5)均和(4)矛盾! 所以若(4)满足,则(1),(5)均不满足,得 $x=8,9$,与"数 x 唯一"矛盾! 所以(4)不满足.

显然仅由(3)不能确定 x.

若仅仅(1)满足(但(5)不知道是否满足,题意不是指"(5)的反面成立"),得 $x=5,6$,与"数 x 唯一"矛盾!

若仅仅(5)满足,得 $x=1,2,3,4,5$,与"数 x 唯一"矛盾!

若(1),(5)均满足,得 $x=5$ 满足题意.

所以在 A 和 B 中分别填入3,5.

Ⅷ. 可不妨设 $DA=AB=BC=1$.

如图4所示,由 $DA=AB$, $\angle DAB=108°$,可得 $\angle ABD=36°$, $\angle CBD=12°$.

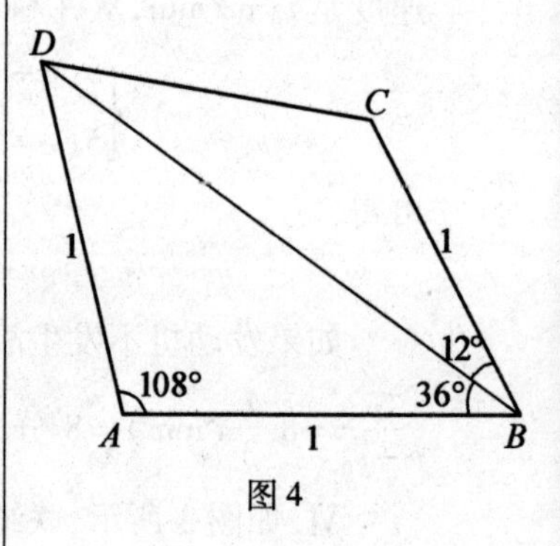

图4

在$\triangle ABD$ 中,可得 $BD=2\cos 36°$.

在$\triangle BCD$ 中,由余弦定理可得 $DC^2=4\cos^2 36°+1-4\cos 12°\cos 36°$.

下证 $DC^2=16\sin^2 12°\cos^2 36°$,即证

$$4\cos^2 36°(4\sin^2 12°-1)=1-4\cos 12°\cos 36°$$

$$2(1+\sin 18°)(1-2\cos 24°)=1-2\cos 48°-2\cos 24°$$

$$2(1+\sin 18°-2\cos 24°-\sin 42°+\sin 6°)$$
$$=1-2\sin 42°-2\cos 24°$$

$$\sin 18°+\frac{1}{2}=\sin 66°-\sin 6°$$

$$\sin 18°+\frac{1}{2}=2\cos 36°\sin 30°=\sin 54°$$

$$\sin 54°-\sin 18°=\frac{1}{2}$$

$$2\cos 36°\sin 18°=\frac{1}{2}$$

$$4\sin 18°\cos 18°\cos 36° = \cos 18°$$

$$\cos 72° = \cos 18°$$

因为该式成立,所以欲证结论成立,即 $DC = 4\sin 12°\cos 36°$.

再在 $\triangle BCD$ 中,由正弦定理可得 $\angle BCD = 30°$ 或 $150°$.

若 $\angle BCD = 30°$,得 $\angle BDC = 138° > 30° = \angle BCD$, $BD < BC$, $\cos 36° < \cos 60°$,这不可能!所以 $\angle BCD = 150°$.

Ⅸ. 设正整数 $X = \overline{abcd}$,又设 $\overline{ab} = x$, $\overline{cd} = y$,得

$$xy = \frac{1}{2}(100x + y)$$

$$2xy = 100x + y$$

所以 $2 \mid y$,进而可得 $4 \mid y$.

设 $y = 4z(z \leqslant 24, z \in \mathbf{N})$,得

$$(2x-1)z = 25x$$

所以 $2x-1 \mid 25x$, $2x-1 \mid 50x$.

又 $2x-1 \mid 50x-25$,所以 $2x-1 \mid 25$.

又 $x \geqslant 10$,所以 $2x-1 \geqslant 19$,得 $2x-1=25$, $x=13$.

再得 $z=13$,故 $y=52$.

所以 $X = 1\ 352$.

Ⅹ. 如图5所示,建立平面直角坐标系 uAv,可得点的坐标 $C(4,0)$, $B\left(\frac{11}{8}, \frac{3}{8}\sqrt{15}\right)$, $M\left(\frac{43}{16}, \frac{3}{16}\sqrt{15}\right)$.

还可求得直线 $AP: v = \frac{\sqrt{15}}{9}u$, $CP: u + \sqrt{15}v - 4 = 0$,所以 $P\left(\frac{3}{2}, \frac{\sqrt{15}}{6}\right)$.

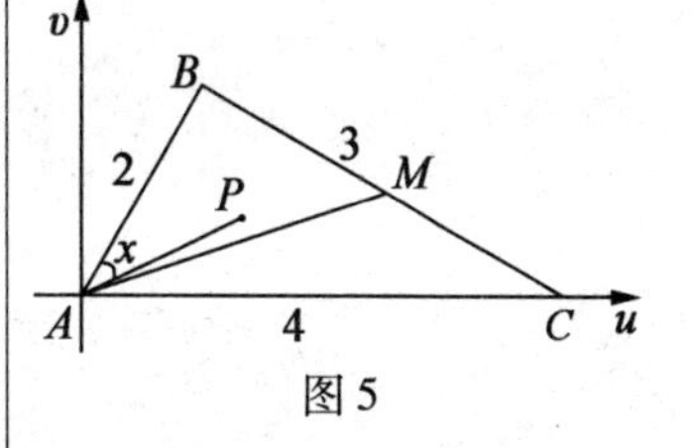

图5

还可得

$$\tan\angle MAC = \frac{3}{43}\sqrt{15}, \sin\angle MAC = \frac{3\sqrt{15}}{8\sqrt{31}}, \cos\angle MAC = \frac{43}{8\sqrt{31}}$$

$$\tan\angle PAC = \frac{\sqrt{15}}{9}, \sin\angle PAC = \frac{\sqrt{15}}{4\sqrt{6}}, \cos\angle PAC = \frac{9}{4\sqrt{6}}$$

$$\tan\angle BAC = \frac{3\sqrt{15}}{11}, \sin\angle BAC = \frac{3\sqrt{15}}{16}, \cos\angle BAC = \frac{11}{16}$$

由 $\tan\angle PAC > \tan\angle MAC$,可得点 P 在直线 AM 的上方.

可求得

$$\cos\angle BAP = \cos(\angle BAC - \angle PAC)$$

$$= \frac{11}{16} \times \frac{9}{4\sqrt{6}} + \frac{3\sqrt{15}}{16} \times \frac{\sqrt{15}}{4\sqrt{6}} = \frac{3}{8}\sqrt{6}$$

$$\sin\angle BAP=\frac{\sqrt{10}}{8},\sin 2x=\sin 2\angle BAP=\frac{3}{16}\sqrt{15}$$

$$\cos 2x=2\cos^2 x-1=\frac{11}{16}$$

$$\begin{aligned}\cos\angle PAM&=\cos(\angle PAC-\angle MAC)\\&=\frac{9}{4\sqrt{6}}\times\frac{43}{8\sqrt{31}}+\frac{\sqrt{15}}{4\sqrt{6}}\times\frac{3\sqrt{15}}{8\sqrt{31}}=\frac{27}{2\sqrt{186}}\end{aligned}$$

接下来,如何回答本题呢?

$\angle MAP$ 的大小是可以求出来的,何谈用 x 来表示呢? 当然也可以写出一些答案

$$\angle MAP=\frac{\arccos\frac{27}{2\sqrt{186}}}{\arccos\frac{3}{8}\sqrt{6}}x,\angle MAP=\frac{\arccos\frac{27}{2\sqrt{186}}}{\arcsin\frac{\sqrt{10}}{8}}x$$

$$\angle MAP=\frac{2\arccos\frac{27}{2\sqrt{186}}}{\arccos\frac{11}{16}}x$$

注 出题方给出的答案"$\angle MAP=2x-90°$"是错误的:

由 $\cos x=\cos\angle BAP=\frac{3}{8}\sqrt{6}$,可得 $\cos 2x=2\cos^2 x-1=\frac{11}{16}>0$,$2x$ 是锐角,得 $\angle MAP=2x-90°$ 是负角,这不可能!

日本第3届初级广中杯决赛试题参考答案(2006年)

Ⅰ.解答本题要用到数论中的常用结论勒让德(Legendre,Adrien-Marie,1752-1833)定理:若 $n\in\mathbf{N}^*$,则 $n!$ 的分解质因数的式子中质数 p 的指数是 $\sum_{i=1}^{\infty}\left[\frac{n}{p^i}\right]$(这里 $[x]$ 表示不超过 x 的最大整数;请注意,该式实质是有限项的和,因为当 i 足够大时,均有 $\left[\frac{n}{p^i}\right]=0$).

(i)20! 的分解质因数的式子中:

质数2,3的指数分别是

$$\left[\frac{20}{2}\right]+\left[\frac{20}{4}\right]+\left[\frac{20}{8}\right]+\left[\frac{20}{16}\right]=10+5+2+1=18$$

$$\left[\frac{20}{3}\right]+\left[\frac{20}{9}\right]=6+2=8$$

质数5,7的指数分别是 $\left[\frac{20}{5}\right]=4$,$\left[\frac{20}{7}\right]=2$;质数11,13,17,19的指数均是1.

所以20! 的分解质因数结果为 $2^{18}\times3^8\times5^4\times7^2\times11\times13\times17\times19$.

(ii)因为20! 的分解质因数结果即 $(2^6\times3^2\times5)^3\times3^2\times5\times7^2\times11\times13\times17\times19$,所以若 a^3(a 是正整数)是20! 的约数,则 a 是 $2^6\times3^2\times5$ 的正约数,所以20! 的完全立方数正约数个数是 $7\times3\times2=42$.

(iii)同理可得19! 即 $\frac{20!}{2^2\times5}$ 的分解质因数结果为 $2^{16}\times3^8\times5^3\times7^2\times11\times13\times17\times19$,所以其正约数个数为 $17\times9\times4\times3\times2^4=2^6\times3^3\times17$;还可得20! 的正约数个数为 $19\times9\times5\times3\times2^4=2^4\times3^3\times5\times19$.

所以是20! 的约数但不是19! 的约数的数个数为 $2^4\times3^3\times5\times19-2^6\times3^3\times17=2^4\times3^3\times(95-68)=2^4\times3^6$.

(iv)若该约数的首位数字是2,得该约数是 $2\times10^n=2^{n+1}\times5^n(n\in\mathbf{N})$ 的形式.

因为20!的分解质因数结果为$2^{18}\times3^{8}\times5^{4}\times7^{2}\times11\times13\times17\times19$,所以$n=0,1,2,3,4$.此时的5个正约数满足题意.

若该约数的首位数字是1,得该约数是$10^{n+m}+10^{n}=2^{n}\times5^{n}\times(10^{m}+1)(n\in\mathbf{N},m\in\mathbf{N}^{*})$的形式.

且可得约数是$10^{n+m}+10^{n}(n\in\mathbf{N},m\in\mathbf{N}^{*})$的充要条件$n=0,1,2,3,4$且$10^{m}+1\mid7^{2}\times11\times13\times17\times19$时才有可能.

当$m=1$时,满足题意.此时得5个正约数满足题意.

当$m=2$时,不满足题意:因为101是质数.

当$m=3$时,满足题意:因为1 001分解质因数结果为$7\times11\times13$.此时得5个正约数满足题意.

当$m=4$时,不满足题意:因为10 001分解质因数结果为73×137.

当$m=5$时,不满足题意:因为100 001分解质因数结果为$11\times9\ 091$.

当$m=6$时,不满足题意:因为1 000 001分解质因数结果为$101\times9\ 901$.

当$m\geqslant7$时,不满足题意:因为$10^{m}+1\geqslant10^{7}+1>2\ 263\ 261=7^{2}\times11\times13\times17\times19$.

所以满足题意的正约数个数是15.

Ⅱ.(i)可给出如图1所示的四种答案:

(ii)由(1)×3+(2)×5,可得所求的值为18.

(iii)这里给出3个答案(如图2所示的△ABC).

(iv)设满足题设的正整数$x=\overline{a_1a_2\cdots a_n}$,得

$$a_1\cdot a_2\cdot\cdots\cdot a_n(a_1+a_2+\cdots+a_n)=2\ 006=2\times17\times59$$

因为$a_1,a_2,\cdots,a_n\in\{1,2,3,\cdots,9\}$,所以$17\times59\nmid a_1\cdot a_2\cdot\cdots\cdot a_n$,得$17\times59\mid a_1+a_2+\cdots+a_n$.

①当$2\nmid a_1\cdot a_2\cdot\cdots\cdot a_n$时,得$2\mid a_1+a_2+\cdots+a_n$,所以

$$\begin{cases}a_1+a_2+\cdots+a_n=2\ 006\\a_1\cdot a_2\cdot\cdots\cdot a_n=1\end{cases}$$

即

$$a_1=a_2=\cdots=a_n=1,n=2\ 006$$

所以$x=\overline{a_1a_2\cdots a_n}=\underbrace{11\cdots1}_{2\ 006个}$.

此时得1个答案.

②当$2\mid a_1\cdot a_2\cdot\cdots\cdot a_n$时,得$2\nmid a_1+a_2+\cdots+a_n$,所以

$$\begin{cases}a_1+a_2+\cdots+a_n=1\ 003\\a_1\cdot a_2\cdot\cdots\cdot a_n=2\end{cases}$$

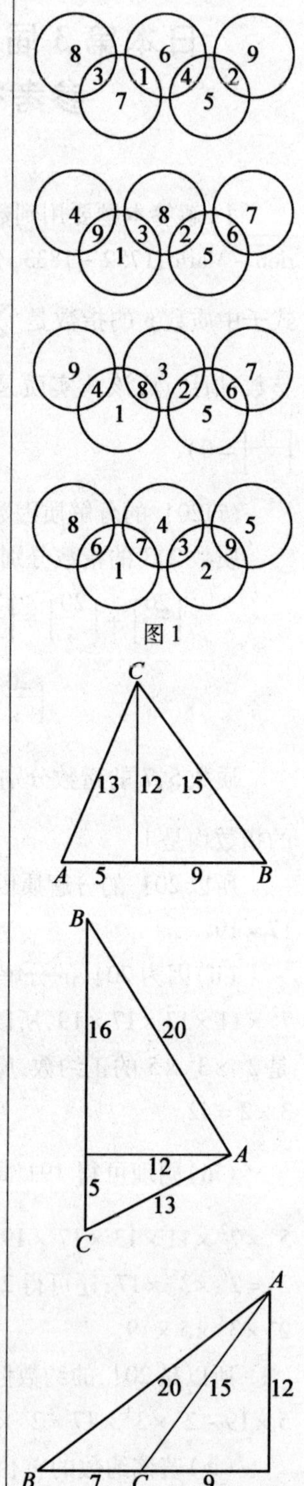

图1

图2

即 $a_1, a_2, \cdots, a_n$ 中有一个是2,其余的全是1,且 $n=1\ 002$.

此时得1 002个答案.

综上所述,得所求答案是1 003.

(v)28.

(vi)如图3所示,可设 $AB=1$,$BC=2$,$\angle ADB=\theta$,$\angle BDC=110^\circ-\theta(0^\circ<\theta<110^\circ)$.

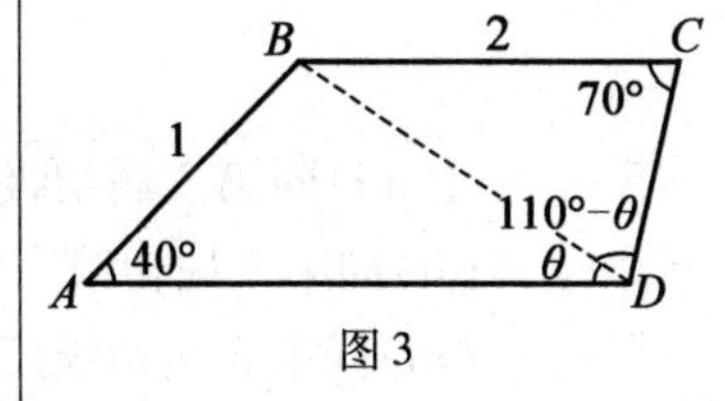

图3

分别在△ABD,△CBD中,用正弦定理,可得

$$\frac{1}{\sin\theta}=\frac{BD}{\sin 40^\circ},\frac{2}{\sin(110^\circ-\theta)}=\frac{BD}{\sin 70^\circ}$$

$$2\sin\theta=2\sin 20^\circ\cos(20^\circ-\theta)=\sin(40^\circ-\theta)+\sin\theta$$

$$\sin\theta-\sin(40^\circ-\theta)=2\cos 20^\circ\sin(\theta-20^\circ)=0$$

$$\theta=20^\circ$$

即 $\angle ADB$ 的度数是20°.

Ⅲ.(i)10,1,9,2,8,3,7,4,6,5,等等.

(ii)从1到2 005的2 005个正整数均有可能.

日本第7届广中杯预赛试题参考答案(2006年)

Ⅰ.(i)同第3届初级广中杯预赛试题Ⅱ答案.

(ii)同第3届初级广中杯预赛试题Ⅲ答案.

(iii)同第3届初级广中杯预赛试题Ⅴ答案.

(iv)如图1所示,设正四面体 $ABCD$ 的棱长为1,球 S_1 的球心是 O,球 S_2 的球心是 O',球 S_1 和 S_2 外切于点 H',则四点 A,O',H',O 共线.

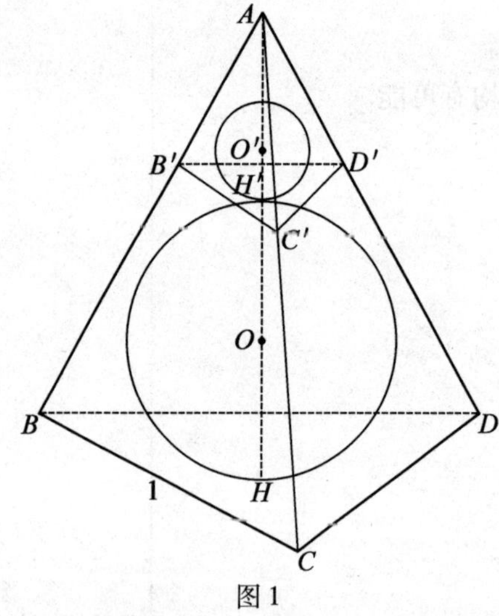

图1

设直线 $O'O$ 交底面 BCD 于点 H,则 $AH\perp$ 底面 BCD.

可求得 $BH=\frac{1}{\sqrt{3}},AH=\sqrt{\frac{2}{3}}$.

由 $V_{三棱锥A-BCD}=4V_{三棱锥O-BCD}$,得 $OH=\frac{AH}{4}=\frac{1}{2\sqrt{6}}$.

过点 H' 作平面 $B'C'D'$ // 底面 BCD,平面 $B'C'D'$ 与侧棱 AB,AC,AD 分别交于点 B',C',D',得球 S_2 是正四面体 $AB'C'D'$ 的内切球.

可得正四面体 $AB'C'D'$,且其高 $AH'=AH-2OH=\frac{1}{\sqrt{6}}$.

而正四面体 $AB'C'D'$ 与正四面体 $ABCD$ 相似(其相似比为 $\frac{AH'}{AH}=\frac{1}{2}$),所以它们的内切球 S_2 和 S_1 的体积比 $\frac{V_2}{V_1}$ 即 $\left(\frac{1}{2}\right)^3=\frac{1}{8}$.

(v)因为

$8888_{(9)}\times 8887_{(9)}\times 8886_{(9)}\times 8885_{(9)}\times 8884_{(9)}$

$=(10000_{(9)}-1_{(9)})(10000_{(9)}-2_{(9)})(10000_{(9)}-3_{(9)})\cdot$

$(10000_{(9)}-4_{(9)})(10000_{(9)}-5_{(9)})$

$=10000_{(9)}k-1_{(9)}\times 2_{(9)}\times 3_{(9)}\times 4_{(9)}\times 5_{(9)}$

(其中 k 是一个确定的正整数)

$=10000_{(9)}k-120_{(10)}=10000_{(9)}k-143_{(9)}$

$=10000_{(9)}(k-1)+8888_{(9)}-142_{(9)}$

$=10000_{(9)}(k-1)+8746_{(9)}$

所以所求答案是 $8746_{(9)}$.

II(i)设所求答案为 x,并设 11 111 $=n$,得

$$10^5x=n(n+1)+(n+6)(n+7)-(n+2)(n+3)-(n+4)(n+5)$$

$$10^5x=16$$

$$x=0.000\ 16$$

即所求答案为 0.000 16.

(ii)由 E 知,主任姓木田或林田,由 A,F 知副董事长姓森田或林田.

若副董事长姓森田,则由 F 知森田师傅住在神奈川县,由 A 知木田师傅住在东京都,这两位师傅都不与副董事长住得很近(因为由 B 知,副董事长住在长野县),所以 D 中的"3 名普通员工中的 1 名"姓林田.

再由 C 知,副董事长年收入的 75% 是林田师傅的年收入为 700 万日元,所以副董事长的年收入是 $700\div 75\%=700\times\frac{4}{3}=$ 933.3333…(万日元),但它不是整数日元,所以这是不可能的!

说明副董事长姓林田,主任姓木田,得董事长姓森田.

注 董事长、副董事长、主任分别姓森田、林田、木田,级别的大小与"木"数一致,真有趣!

(iii)如图 2 所示,由勾股定理可求得 $PQ=\sqrt{5}$,$PR=2\sqrt{2}$,$RQ=3$.

再由余弦定理可求得 $\cos P=\frac{1}{\sqrt{10}}$,再得 $\sin P=\frac{3}{\sqrt{10}}$,$S_{\triangle PRQ}=3$.

由"面面平行⇒线线平行"可得切割面 $RPQS$ 是平行四边形,所以切割面的面积是 $2S_{\triangle PRQ}=6$.

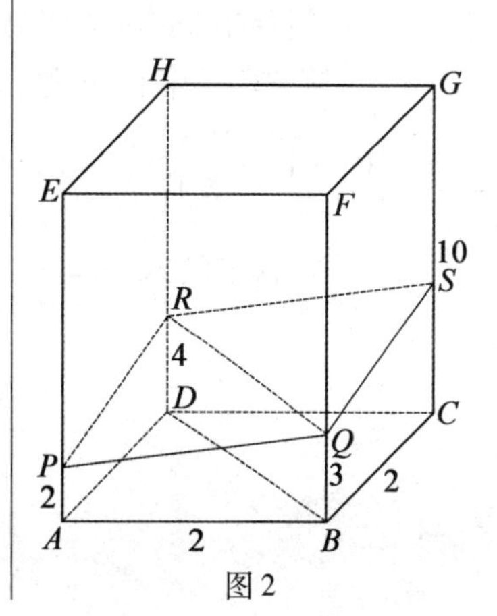

图 2

(iv)因为是求"第二大的数",所以可考查"98765 × × × ×"形数,其中"× × × ×"是 1,2,3,4 的一个排列.

经过验证可得,其中能被 13 整除的数中最大的是

987 654 213,第二大的数是987 652 341.

Ⅲ.(i)由余弦定理可求得 $\cos\angle BAC=\frac{11}{16}$,$\cos\angle ACB=\frac{7}{8}$.再得

$$\cos 2\angle BAC=2\cos^2\angle BAC-1=-\frac{7}{128}$$

$$\cos(180^\circ-3\angle ACB)=3\cos\angle ACB-4\cos^3\angle ACB=-\frac{7}{128}$$

所以

$$\cos 2\angle BAC=\cos(180^\circ-3\angle ACB)$$

还可证得 $2\angle BAC,180^\circ-3\angle ACB\in(0^\circ,180^\circ)$,所以

$$2\angle BAC=180^\circ-3\angle ACB$$
$$2\angle BAC+3\angle ACB=180^\circ$$

(ii)由余弦定理可求得 $\cos x=\frac{7}{8}$,$\cos y=\frac{11}{64}$.再得

$$\cos 5x=16\cos^5 x-20\cos^3 x+5\cos x=-\frac{1\,673}{2\,048}$$

$$\cos(180^\circ-2y)=1-2\cos^2 y=-\frac{1\,673}{2\,048}$$

所以

$$\cos 5x=\cos(180^\circ-2y)$$

还可证得 $5x,180^\circ-2y\in(0^\circ,180^\circ)$,所以

$$5x=180^\circ-2y$$
$$5x+2y=180^\circ$$

即存在一组自然数 $(a,b)=(5,2)$,使得 $ax+by=180^\circ$.

下面再证明这是唯一的一组满足题设的有理数.

假设还有别的有理数 (a,b) 满足题设,通过解方程组可得 x 是有理数的度数.

笔者在著作《高考数学真题解密》(清华大学出版社,2015年)第53页中已证得:若 α,$\cos\alpha^\circ$ 均是有理数,则 $\cos\alpha^\circ\in\left\{0,\pm1,\pm\frac{1}{2}\right\}$.

但这里的 $\cos x=\frac{7}{8}$,产生矛盾!说明欲证结论成立.

日本第7届广中杯决赛试题参考答案(2006年)

Ⅰ.同第3届初级广中杯决赛试题Ⅰ答案.

Ⅱ.(i)如图1所示,由$\angle DNP=90°-\angle CNM=\angle CMN$,可得$\triangle CMN\backsim\triangle DNP$.

可不妨设$CM=3,CN=DN=4,MN=5$,由此可求得$DP=\frac{16}{3}$.

过点P作$PH\perp BC$于点H,可得$\triangle APQ\backsim\triangle HPM$,所以$\frac{AP}{HP}=\frac{PQ}{PM}=\frac{4}{3}$,$AP=\frac{4}{3}HP=\frac{4}{3}CD=\frac{32}{3}$.

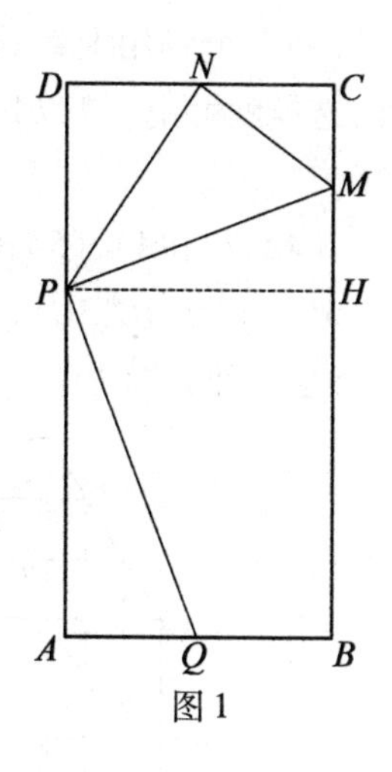

图1

得$BC=AD=AP+PD=16$,所以$AB:BC=8:16=1:2$.

(ii)在图1中还可求得$PM=\frac{25}{3}$,$MQ=\frac{125}{9}$,$BM=13$,$BQ=\frac{44}{9}$.

在$Rt\triangle BMQ$中,由勾股定理,得

$$\left(\frac{44}{9}\right)^2+13^2=\left(\frac{125}{9}\right)^2$$

$$44^2+117^2=125^2$$

所以存在自然数组$(a,b)=(44,117)$及$(117,44)$,满足$a^2+b^2=125^2$.

注 由求勾股数组的相应结论"不定方程$x^2+y^2=z^2$的x,y,z两两互质即任意两个互质的全部正整数的解是$(x,y,z)=(2mn,m^2-n^2,m^2+n^2)$或$(m^2-n^2,2mn,m^2+n^2)$,其中$m,n$是互质的正整数且$m>n$"可得全部答案为$(a,b)=(44,117)$或$(117,44)$.

Ⅲ.作法是:如图2所示:

(i)以Q为圆心,QP为半径作圆,圆Q与圆C交于另一点R;

(ii)以P为圆心,PR为半径作圆,圆P与圆Q交于另一点S;

(iii)作直线SP.

直线SP就是所求作的切线.

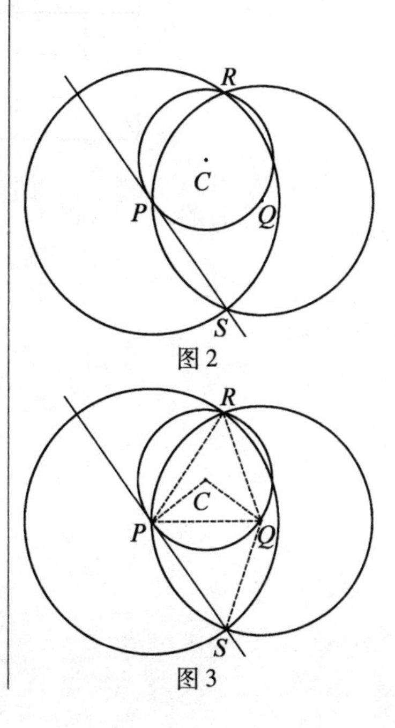

图2

图3

理由如下:

如图3所示,联结PR,RQ,QP,CP,CQ,CR,QS.

由同圆的半径相等,可得$CP=CQ=CR,QR=QP=QS,PR=PS$.

可得$\triangle PQS\cong\triangle PQR$,所以$\angle SPQ=\angle RPQ=\angle PRQ$.

由 $QR=QP$,$CR=CP$,得 QC 是 PR 的中垂线,所以 $\angle PRQ+\angle RQC=90°$.

可得 $\triangle RQC\cong\triangle PQC$,所以 $\angle RQC=\angle PQC=\angle CPQ$.

得 $\angle CPS=\angle SPQ+\angle CPQ=90°$,$CP\perp PS$,即直线 SP 是圆 C 的切线.

Ⅳ.(i)280.

(ii)94.

Ⅴ.(i)如图4所示,分别用 A,B,C 表示正方体从上到下的第1,2,3层;分别用1,2,…,9表示正方体从前到后即从左到右的位置,这样就可用($4A,7A,8A$)表示正方体左上角的那个 L 形积木了.

($4A,7A,8A$),($5A,6A,9A$),($1A,1B,2B$),($2A,3A,3B$),($2C,3C,6C$),($1C,4C,5C$),($9B,9C,6B$),($8B,8C,5B$),($7B,7C,4B$),这就是一种分拆方法,由此也可得一种拼法.

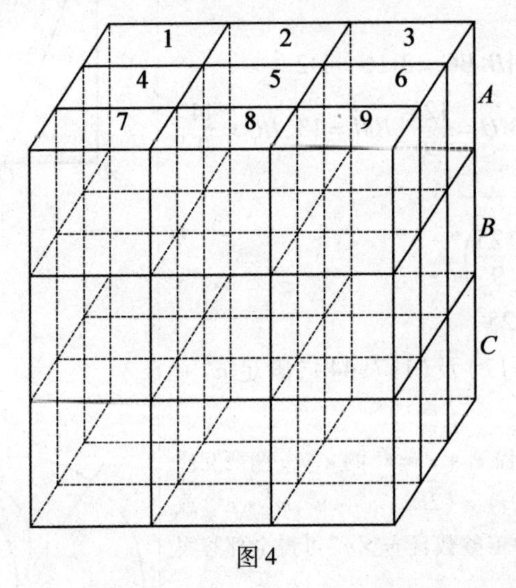

图4

(ii)略.

日本第 4 届初级广中杯预赛试题参考答案(2007 年)

Ⅰ. 由 $S=13(1+2+3+\cdots+1\ 000)$, $T=14(1+2+3+\cdots+1\ 000)$ 可知选(B).

Ⅱ. 设原来的数是 $\overline{abcde}$, 新数是 $\overline{10-a,10-b,10-c,10-d,10-e}$, 得

$$\overline{abcde}+1\ 234=\overline{10-a,10-b,10-c,10-d,10-e}$$

由竖式加法,从个位加起,分析如下.

①可得 $e+4=10-e$ 或 $20-e$.

若 $e+4=10-e$, 得 $d+3=10-d$ 或 $20-d$(即 $2d=7$ 或 17), 这不可能! 所以 $e+4=20-e$, $e=8$.

②可得 $d+4=10-d$ 或 $20-d$.

若 $d+4=20-d$, 得 $c+3=10-c$ 或 $20-c$(即 $2c=7$ 或 17), 这不可能! 所以 $d+4=10-d$, $d=3$.

③可得 $c+2=10-c$ 或 $20-c$.

若 $c+2=10-c$, 得 $b+1=10-b$ 或 $20-b$(即 $2b=9$ 或 19), 这不可能! 所以 $c+2=20-c$, $c=9$.

④可得 $b+2=10-b$ 或 $20-b$.

若 $b+2=20-b$, 得 $a+1=10-a$ 即 $2a=9$, 这不可能! 所以 $b+2=10-b$, $b=4$.

⑤可得 $a=10-a$, $a=5$.

所以原来的数是 $\overline{abcde}=54\ 938$.

Ⅲ. 在图 1 中, 设四边形 $ABCD$ 的对角线的交点是 O, 得

$$\begin{aligned}S_{\text{四边形}ABCD}&=S_{\triangle OAB}+S_{\triangle OBC}+S_{\triangle OCD}+S_{\triangle ODA}\\&=\frac{1}{2}\times1\times3\sin120^\circ+\frac{1}{2}\times3\times2\sin60^\circ+\\&\quad\frac{1}{2}\times2\times4\sin120^\circ+\frac{1}{2}\times4\times1\sin60^\circ\\&=\frac{1}{2}(1+2)(3+4)\sin60^\circ\\&=\frac{21}{4}\sqrt{3}\end{aligned}$$

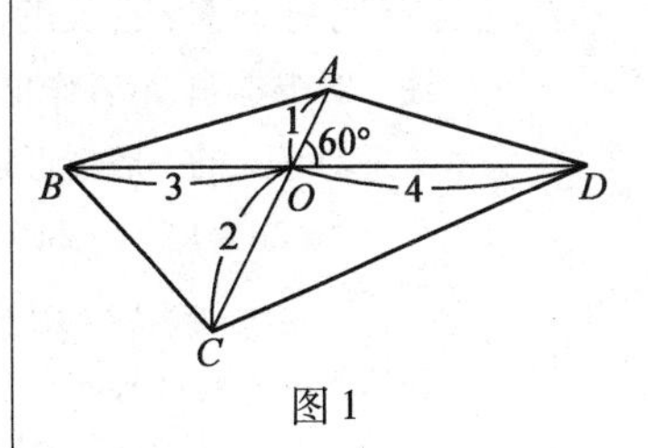

图 1

又边长为1的正三角形的面积是$\frac{\sqrt{3}}{4}$,所以所求答案是21.

注 本题的一般结论是:凸四边形的面积是其两条对角线的长度与其夹角正弦积的一半.

Ⅳ.可得三位正整数a是$2\,109=3\times19\times37$的约数,所以$a=3\times37=111$或$19\times37=703$.

但703的正整数倍数中,各位数字互不相同的数中最小的是703不是2 109;所以$a=111$.

还可验证在111的正整数倍数中,各位数字互不相同的数中最小的是2 109.

所以$a=111$.

Ⅴ.224.

Ⅵ.易知a是12 600,14 400,9 000的公约数.因为要求$c\times d$的最小值,所以c,d均应尽可能小即a应尽可能大,所以a是12 600,14 400,9 000的最大公约数即1 800,得$c=8,d=5$.

即所求最小值是40.

Ⅶ.把77^{77}分解质因数,得$77^{77}=7^{77}\times11^{77}$.

所以77^{77}的正约数是$7^{\alpha}\cdot11^{\beta}(\alpha,\beta\in\{0,1,2,\cdots,77\})$的形式.

因为7被6除余1,11被6除余-1,所以满足题意的正约数是$7^{\alpha}\cdot11^{\beta}(\alpha\in\{0,1,2,\cdots,77\},\beta\in\{0,2,4,\cdots,76\})$的形式.

所以所求答案是$78\times39=3\,042$.

Ⅷ.通过观察可得,$a=3,b=-1,c=-1$满足题设,此时,得$a^2+b^2+c^2=11$.

容易验证所求最小值就是11(注意,$a^2+b^2+c^2$一定是奇数).

Ⅸ.出题方给出的答案是$(a,b,c,d,e)=(10,11,12,33,66)$,笔者发现它不对:题设的两个等式均不满足.

注 对于本题,笔者作出以下分析:

参考的等式的一般情形是

$$(2n+1)^2+(2n+2)^2+(2n+3)^2$$
$$=n^2+(n+1)^2+(n+2)^2+(3n+3)^2\quad(n\in\mathbf{N}^*)\qquad(1)$$

在(1)中令$n=10$,得

$$21^2+22^2+23^2=10^2+11^2+12^2+33^2$$

再在(1)中令$n=21$,得

$$43^2+44^2+45^2=21^2+22^2+23^2+66^2$$

所以

$$43^2+44^2+45^2=10^2+11^2+12^2+33^2+66^2$$

所以笔者认为原题很可能是:

请找出一组正整数(a,b,c,d,e),满足下列所有条件

$$43^2+44^2+45^2=a^2+b^2+c^2+d^2+e^2$$

$$a+b+c+d+e=44\times 3$$

注意:如果答错了,要扣3分(不答不扣分).

如果有必要,可参考下列等式

$$3^2+4^2+5^2=1^2+2^2+3^2+6^2$$

$$5^2+6^2+7^2=2^2+3^2+4^2+9^2$$

Ⅹ.8.

Ⅺ.可得$a=2\cos 54°, b=\frac{5}{2}\sin 72°$,边长为$a$的正十边形的面积为$10\tan 72°\cos^2 54°$,所以由题意,得

$$2x\cos 54°+\frac{5}{2}y\sin 72°=10\tan 72°\cos^2 54°$$

$$2x\cos 54°+\frac{5}{2}y\sin 72°=10\tan 72°\cos^2 54°$$

由$\cos 54°=\sin 36°, \sin 72°=2\sin 36°\cos 36°, \tan 72°=\frac{\cos 18°}{\sin 18°}$等,可得

$$5(y-2)\cos 36°=2(5-x)$$

可用三倍角公式或相似三角形,求得$\cos 36°=\frac{1+\sqrt{5}}{4}$是无理数(笔者在著作《高考数学真题解密》(清华大学出版社,2015年)第53页中已证得:若α, $\cos\alpha°$均是有理数,则$\cos\alpha°\in\left\{0,\pm 1,\pm\frac{1}{2}\right\}$.由此结论也可知$\cos 36°$是无理数),所以若有理数$x,y$满足上式,则$5(y-2)=2(5-x)=0$,即$(x,y)=(5,2)$.

Ⅻ.如图2所示,设AC,DF交于点G,BC,DE交于点H.

可设$\angle AGD=\alpha$, $\angle ADG=\beta$,得$\alpha+\beta=120°$.

还可得$\angle BDH=\alpha$, $\angle BHD=\beta$.

所以$\triangle ADG\backsim\triangle BHD$,得$\frac{AD}{BH}=\frac{AG}{BD}=\frac{DG}{HD}$.

在$\triangle ADG$中,可设$AD=1$, $AG=2u$, $DG=\sqrt{4u^2-2u+1}$,得$BD=2$, $BH=\frac{1}{u}$, $DH=\frac{1}{u}\sqrt{4u^2-2u+1}$.

由$AB=BC=CA$,可得$CH=3-\frac{1}{u}$, $CG=3-2u$.

由$\triangle FCG\backsim\triangle ADG$,得$\frac{FC}{AD}=\frac{CG}{DG}$, $FC=\frac{3-2u}{\sqrt{4u^2-2u+1}}$.

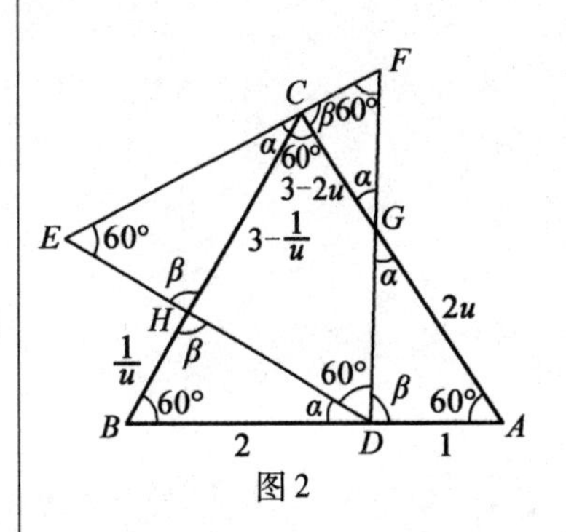

图2

由$\triangle ECH \backsim \triangle BDH$,得$\frac{EC}{BD}=\frac{CH}{DH}$,$EC=\frac{6u-2}{\sqrt{4u^2-2u+1}}$.

由$EC:CF=3:1$,可得$u=\frac{11}{12}$.

在$\triangle ADG$中,由正弦定理可得$\frac{\sin\alpha}{\sin\beta}=\frac{AD}{AG}=\frac{1}{2u}=\frac{6}{11}$.

由结论是"凸四边形的面积是其两条对角线的长度与其夹角正弦积的一半",可得

$$\frac{S_{四边形ADCF}}{S_{四边形DBEC}}=\frac{\sin\alpha}{\sin\beta}=\frac{6}{11}$$

即四边形$ADCF$的面积等于四边形$DBEC$的面积的$\frac{6}{11}$倍.

日本第4届初级广中杯决赛试题参考答案(2007年)

Ⅰ.(i)4.

(ii)7.

(iii)88,268.

(iv)4,10,22,28,88,268.

Ⅱ.(i)原式$=\frac{1}{3^2}+\frac{1}{7^2}+\frac{1}{3^2}-\frac{1}{17^2}-\frac{1}{7^2}+\frac{1}{17^2}=\frac{2}{9}$.

(ii)由勾股定理可得 $a=\sqrt{5}$,$b=\sqrt{17}$,$c=3\sqrt{2}$.

设三条边的长度分别为 a,b,c 的三角形中边 a 所对的角的大小是 α,由余弦定理可得 $\cos\alpha=\frac{5}{\sqrt{34}}$,所以 $\sin\alpha=\frac{3}{\sqrt{34}}$,所求三角形的面积是$\frac{1}{2}\times\sqrt{17}\times3\sqrt{2}\times\frac{3}{\sqrt{34}}=\frac{9}{2}$.

(iii)①若 A 的话是真的,则 B,C 的话均是真的,而 B,C 的话是矛盾的!所以 A 是骗子.

②若 B 的话是真的,则 C,D,E 的话均是假的,即 C,D,E 都是骗子,这又与 B 的话"我们中只有一个人是骗子"矛盾!所以 B 是骗子.

③若 C 的话是真的,则 D,E 的话均是假的,即 D,E 都是骗子;已得 A,B 都是骗子,即 A,B,D,E 都是骗子,即 C 的话是假的,前后矛盾!所以 C 是骗子.

④若 D 的话是真的,即五个人都是骗子,说明 D 也是骗子,与"D 的话是真的"矛盾!所以 D 是骗子.

⑤若 E 是骗子,又已得 A,B,C,D 都是骗子,得 D 的话是真的,前后矛盾!所以 E 不是骗子.

综上所述,得答案为 A,B,C,D 是骗子.

(iv)如图1所示,由正弦定理,可求得$\frac{b}{c}=\frac{\sin B}{\sin C}=\frac{\sin 84^\circ}{\sin 42^\circ}=2\cos 42^\circ$.

在如图2所示的等腰三角形中,设底角为 α,可得 $\cos\alpha=\frac{\frac{b}{2}}{c}=\cos 42^\circ$,$\alpha=42^\circ$,所以顶角为96°,得所求答案为96°.

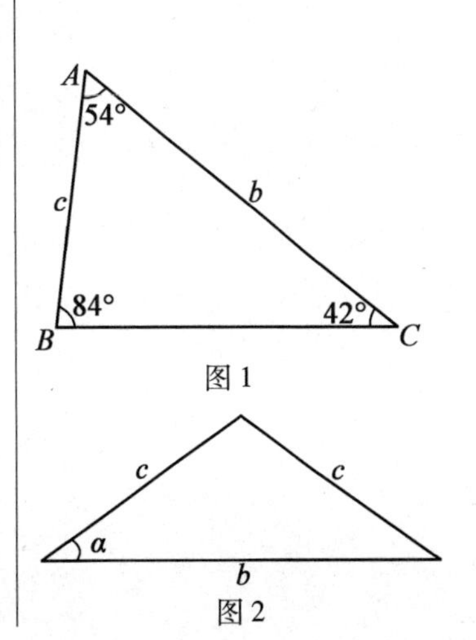

图1

图2

(v)由 $a^{(b^c)}=2^{(2^9)}$ 知,可设 $a=2^{\alpha}(\alpha\in\mathbf{N})$,得 $\alpha b^c=2^9$.

再由 $b\neq1$ 知,可设 $\alpha=2^{\beta}$,$b=2^{\gamma}$,得 $2^{\beta+\gamma c}=2^9$,$\beta+\gamma c=9(\beta\in\mathbf{N},\gamma,c\in\mathbf{N}^*)$.

①当 $\beta=0$ 时,得 $\gamma c=9=3^2(\gamma,c\subset\mathbf{N}^*)$,$\gamma$ 是 3^2 的正约数(当 γ 确定时,c 是唯一确定的),所以(γ,c)有3组值.

②当 $\beta=1$ 时,得 $\gamma c=8=2^3(\gamma,c\in\mathbf{N}^*)$,得$(\gamma,c)$有4组值.

③当 $\beta=2$ 时,得 $\gamma c=7(\gamma,c\in\mathbf{N}^*)$,得$(\gamma,c)$有2组值.

④当 $\beta=3$ 时,得 $\gamma c=2\times3(\gamma,c\in\mathbf{N}^*)$,得$(\gamma,c)$有4组值.

⑤当 $\beta=4$ 时,得 $\gamma c=5(\gamma,c\in\mathbf{N}^*)$,得$(\gamma,c)$有2组值.

⑥当 $\beta=5$ 时,得 $\gamma c=4=2^2(\gamma,c\in\mathbf{N}^*)$,得$(\gamma,c)$有3组值.

⑦当 $\beta=6$ 时,得 $\gamma c=3(\gamma,c\in\mathbf{N}^*)$,得$(\gamma,c)$有2组值.

⑧当 $\beta=7$ 时,得 $\gamma c=2(\gamma,c\in\mathbf{N}^*)$,得$(\gamma,c)$有2组值.

⑨当 $\beta=8$ 时,得 $\gamma c=1(\gamma,c\in\mathbf{N}^*)$,得$(\gamma,c)$有1组值.

所以所求答案是 $3+4+2+4+2+3+2+2+1=23$.

Ⅲ.(i)如图3所示(答案不唯一).

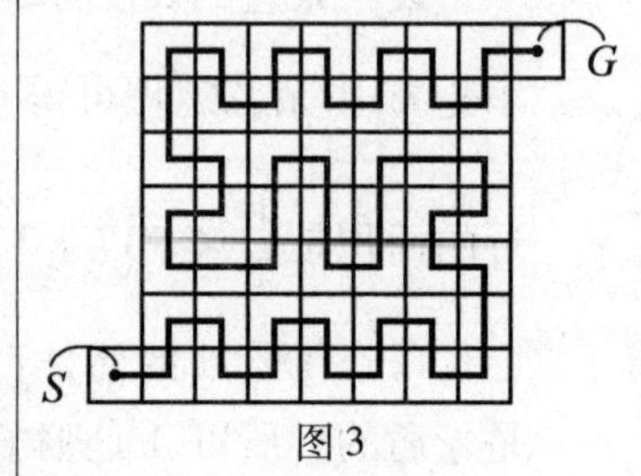

图3

(ii)点 P 从 S 格出发时是水平移动的,最后进入 G 格时也是水平移动的.途中,每经过一个“里面拐弯了”的方格,则移动方向从水平变成竖直,或者从竖直变成水平,所以个数是偶数.也就是说,$49-X$ 是偶数,X 是奇数.

(iii)我们注意到,每一(竖)列中都必须至少包含一个“里面没有拐弯”的方格.这是因为如果某一列中不包含这样的方格,则拐弯的格只能以或者的方式连接,这样就形成了两两配对,但是每一列的方格个数都是奇数,有矛盾!由于是7列,所以 X 的最小值为7.

日本第 8 届广中杯预赛试题参考答案(2007 年)

Ⅰ.(i)同第 4 届初级广中杯预赛试题Ⅰ(i)答案.

(ii)由余弦定理可求得 $\cos A=\frac{3}{4}$,所以 $\sin A=\frac{\sqrt{7}}{4}$,$S_{\triangle ABC}=\frac{1}{2}\times5\times6\times\frac{\sqrt{7}}{4}=\frac{15}{4}\sqrt{7}$.

同理,有 $\cos B=\frac{9}{16}$,$\sin B=\frac{5}{16}\sqrt{7}$;$\cos C=\frac{1}{8}$,$\sin C=\frac{3}{8}\sqrt{7}$.

由切线长定理,可求得 $AE=AF=\frac{7}{2}$,$BD=BF=\frac{5}{2}$,$CD=CE=\frac{3}{2}$. 所以 $S_{\triangle AEF}=\frac{49}{32}\sqrt{7}$,$S_{\triangle BDF}=\frac{125}{128}\sqrt{7}$,$S_{\triangle CDE}=\frac{27}{64}\sqrt{7}$.

得 $S_{\triangle DEF}=S_{\triangle ABC}-S_{\triangle AEF}-S_{\triangle BDF}-S_{\triangle CDE}=\frac{105}{128}\sqrt{7}$,所以$\frac{S_{\triangle DEF}}{S_{\triangle ABC}}=\frac{7}{32}$,即$\triangle DEF$ 的面积等于$\triangle ABC$ 的面积的$\frac{7}{32}$倍.

(iii)掷这样的 5 个骰子,掷出的点数可能是 5 和 30,6 和 29,7 和 28,…,17 和 18.

易知点数是 n 和 $35-n(n=6,7,8,\cdots,17)$的可能性是一样的(只需把前者中每个骰子出现的点数 1,2,3,4,5,6 分别换成 6,5,4,3,2,1 即可).

所以所求的概率是$\frac{1}{2}$.

注 若不用这种对称求法,则运算量很大. 下面仅求掷出的点数是 18 的概率:

5 个骰子的点数有(6,6,4,1,1),(6,6,3,2,1),(6,6,2,2,2),(6,5,5,1,1),(6,5,4,2,1),(6,5,3,3,1),(6,5,3,2,2),(6,4,4,2,2),(6,4,3,3,2),(6,3,3,3,3),(5,5,5,2,1),(5,5,4,3,1),(5,5,4,2,2),(5,5,3,3,2),(5,4,4,4,1),(5,4,4,3,2),(5,4,3,3,3),(4,4,4,4,2),(4,4,4,3,3)共 19 类情形.

再由有重复元素的排列数的求法,可得共有 $30+60+10+30+120+60+60+30+60+5+20+60+30+30+20+60+20+5+10=720$.

所以掷出的点数是 18 的概率为$\frac{720}{6^5}=\frac{5}{54}$.

(iv)同第4届初级广中杯预赛试题Ⅵ答案.

(v)同第4届初级广中杯预赛试题Ⅺ答案.

Ⅱ.(i)设一个金蛋在$n(n\in\mathbf{N}^*)$天之内能孵出小金鸡的概率是p_n,一个银蛋在$n(n\in\mathbf{N}^*)$天之内能孵出小金鸡的概率是q_n,由题意可得

$$p_{n+1}=\frac{1}{3}+\frac{1}{3}q_n+\frac{1}{3}p_n\quad(n\in\mathbf{N}^*)\tag{1}$$

$$q_{n+1}=\frac{1}{3}p_n+\frac{1}{3}q_n\quad(n\in\mathbf{N}^*)\tag{2}$$

$$p_1=\frac{1}{3},q_1=0\tag{3}$$

由(1),得

$$3p_{n+2}=1+q_{n+1}+p_{n+1}\quad(n\in\mathbf{N}^*)\tag{4}$$

(4)-(1),并用(2),可得

$$3p_{n+2}-p_{n+1}=\frac{2}{3}+p_{n+1}\quad(n\in\mathbf{N}^*)\tag{5}$$

$$p_{n+1}=\frac{2}{3}p_n+\frac{2}{9}\quad(n\geqslant 2,n\in\mathbf{N}^*)$$

由(1)(3),可得$p_1=\frac{1}{3},p_2=\frac{4}{9}$.所以

$$p_{n+1}=\frac{2}{3}p_n+\frac{2}{9}\quad(n\in\mathbf{N}^*)$$

$$p_{n+1}-\frac{2}{3}=\frac{2}{3}\left(p_n-\frac{2}{3}\right)\quad(n\in\mathbf{N}^*)$$

$$p_n=\frac{2}{3}-\frac{1}{3}\left(\frac{2}{3}\right)^{n-1}\quad(n\in\mathbf{N}^*)$$

得$\{p_n\}$是递增数列且$\lim\limits_{n\to\infty}p_n=\frac{2}{3}$,所以所求答案是$\frac{2}{3}$(请注意这是准确值,好比$0.\dot{9}$的准确值是1,而不是近似等于1).

注 若对式(5)两边直接求极限,也可得$\lim\limits_{n\to\infty}p_n=\frac{2}{3}$,但这是不严谨的:因为没有证明该极限存在.

(ii)设鹤、乌龟、甲虫分别有x,y,z(它们是互不相等的正整数)只,且

$$5\mid 2x+4y+6z,7\mid x+y+z,9\mid 3x+5y+7z,18\leqslant 3x+5y+7z\leqslant 99$$

由$3x+5y\geqslant 3\times 2+5=11,3x+5y+7z\leqslant 99$,得$7z\leqslant 88,z\leqslant 12$.

逐一试验后,可得出答案9,13,14,16.

(iii)60.

(iv)可得六边形$ABCDEF$的周长$21\geqslant 1+2+3+4+5+6=$

21,所以这个六边形各边的长度就是 1,2,3,4,5,6.

因为六边形 $ABCDEF$ 的六个内角都等于 $120°$,所以作出六边形 $ABCDEF$ 各边所在的直线后可得六个正三角形(如图 1 所示,图中表明了各线段的长度的取值只能是 1,2,3,4,5 或 6).

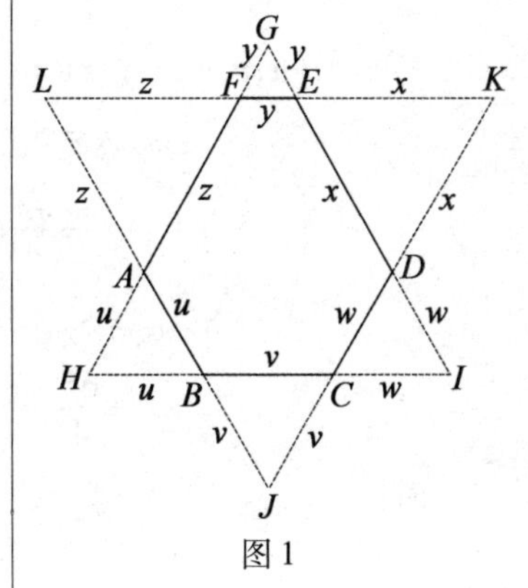

图 1

由两个大正三角形的三边长均相等,得

$$z+u+v=v+w+x=x+y+z, u+z+y=y+x+w=w+v+u$$

即

$$x+y=u+v, v+w=y+z, z+u=w+x$$

可不妨设 $u=1$.

由 $u+v=x+y$,可得 $(u,v,x,y)=(1,6,3,4),(1,6,4,3),(1,6,2,5),(1,6,5,2),(1,5,2,4),(1,5,4,2),(1,4,2,3)$ 或 $(1,4,3,2)$.

若 $(u,v,x,y)=(1,6,3,4)$,可得 $z-w=2$,但 $\{w,z\}=\{2,5\}$,不可能!

若 $(u,v,x,y)=(1,6,4,3)$,可得 $(u,v,w,x,y,z)=(1,6,2,4,3,5)$.

若 $(u,v,x,y)=(1,6,2,5)$,可得 $(u,v,w,x,y,z)=(1,6,3,2,5,4)$.

若 $(u,v,x,y)=(1,6,5,2)$,可得 $z-w=4$,但 $\{w,z\}=\{3,4\}$,不可能!

若 $(u,v,x,y)=(1,5,2,4)$,可得 $z-w=1$,但 $\{w,z\}=\{3,6\}$,不可能!

若 $(u,v,x,y)=(1,5,4,2)$,可得 $(u,v,w,x,y,z)=(1,5,3,4,2,6)$.

若 $(u,v,x,y)=(1,4,2,3)$,可得 $(u,v,w,x,y,z)=(1,4,5,2,3,6)$.

若 $(u,v,x,y)=(1,5,2,4)$,可得 $z-w=1$,但 $\{w,z\}=\{3,6\}$,不可能!

所以 $(u,v,w,x,y,z)=(1,6,2,4,3,5),(1,4,5,2,3,6),(1,5,3,4,2,6)$ 或 $(1,6,3,2,5,4)$.但后两者分别是前两者的"旋转"而已,所以可以只考虑前两种情形.

当 $(u,v,w,x,y,z)=(1,6,2,4,3,5)$ 时

$$S_{六边形ABCDEF}=S_{正\triangle GHI}-S_{正\triangle GEF}-S_{正\triangle HAB}-S_{正\triangle ICD}$$

$$=\frac{\sqrt{3}}{4}(9^2-3^2-1^2-2^2)=\frac{67}{4}\sqrt{3}$$

$$S_{\triangle ACE}=S_{六边形ABCDEF}-S_{\triangle ABC}-S_{\triangle CDE}-S_{\triangle EFA}$$

$$=\frac{67}{4}\sqrt{3}-\frac{6}{4}\sqrt{3}-\frac{8}{4}\sqrt{3}-\frac{15}{4}\sqrt{3}=\frac{38}{4}\sqrt{3}$$

所以

$$\frac{S_{六边形ABCDEF}}{S_{\triangle ACE}}=\frac{67}{38}$$

当$(u,v,w,x,y,z)=(1,4,5,2,3,6)$时

$$S_{六边形ABCDEF}=S_{正\triangle GHI}-S_{正\triangle GEF}-S_{正\triangle HAB}-S_{正\triangle ICD}$$
$$=\frac{\sqrt{3}}{4}(10^2-3^2-1^2-5^2)=\frac{65}{4}\sqrt{3}$$
$$S_{\triangle ACE}=S_{六边形ABCDEF}-S_{\triangle ABC}-S_{\triangle CDE}-S_{\triangle EFA}$$
$$=\frac{65}{4}\sqrt{3}-\frac{4}{4}\sqrt{3}-\frac{10}{4}\sqrt{3}-\frac{18}{4}\sqrt{3}=\frac{33}{4}\sqrt{3}$$

所以

$$\frac{S_{六边形ABCDEF}}{S_{\triangle ACE}}=\frac{65}{33}$$

即所求答案是$\frac{67}{38}$或$\frac{65}{33}$.

(v)参考的等式的一般情形是

$$(2n+1)^2+(2n+2)^2+(2n+3)^2$$
$$=n^2+(n+1)^2+(n+2)^2+(3n+3)^2\quad(n\in\mathbf{N}^*)$$

选$n=20$后,可得一个答案是$(a,b,c,d,e)=(0,20,21,22,63)$.

笔者由恒等式

$$(4n+1)^2+(4n+2)^2+(4n+3)^2$$
$$=n^2+(2n)^2+(3n+1)^2+(3n+2)^2+(5n+3)^2$$
$$(4n+1)^2+(4n+2)^2+(4n+3)^2$$
$$=(n+1)^2+(2n+2)^2+(3n+1)^2+(3n+2)^2+(5n+2)^2$$

得出了另外两个答案:$(a,b,c,d,e)=(-11,22,31,32,52)$,$(-10,20,31,32,53)$.

Ⅲ.(i)B,D,F,H,J.

(ii)A,B,J.

日本第 8 届广中杯决赛试题参考答案(2007 年)

Ⅰ.同第 4 届初级广中杯决赛试题Ⅰ答案.

Ⅱ.(i)①能.②不能.③能.④能.

(ii)3.

Ⅲ.98.从进位考虑,乘以 2 后,向前进位了几次(每次进 1)就少了几个偶数,所以 $y=99-x-1$(因为第 100 位的 6 乘以 2 后也向前进位了),得 $x+y=98$.

Ⅳ.由正弦定理知,可设 $a=k\sin 54°$,$b=k\sin 84°$,$c=k\sin 42°$.

(i)设边长分别为 $b,b,a+c$ 的等腰三角形的底角为 α,可得

$$\cos\alpha=\frac{a+c}{2b}=\frac{\sin 54°+\sin 42°}{2\sin 84°}=\frac{2\sin 48°\cos 6°}{2\sin 84°}=\cos 42°$$

$$\alpha=42°$$

所以所求的三个内角分别是 42°,42°,96°.

(ii)设边长分别为 c,c,b 的等腰三角形的底角为 β,可得

$$\cos\beta=\frac{b}{2c}=\frac{\sin 84°}{2\sin 42°}=\cos 42°$$

$$\alpha=42°$$

所以所求的三个内角分别是 42°,42°,96°.

(iii)可知即证

$$\sin 24°=\frac{\sin 54°}{2\cos 6°}$$

$$2\sin 24°\cos 6°=\sin 54°$$

$$\sin 30°+\sin 18°=\sin 54°$$

$$\sin 54°-\sin 18°=\frac{1}{2}$$

$$4\cos 36°\sin 18°=1$$

$$4\sin 18°\cos 18°\cos 36°=\cos 18°$$

$$2\sin 36°\cos 36°=\sin 72°$$

它显然成立,所以欲证结论成立.

(iii)的**另证**　将边长为 b 的正△EFG 和正五边形 $HIFGJ$ 如图 1 所示放置后可获证明:

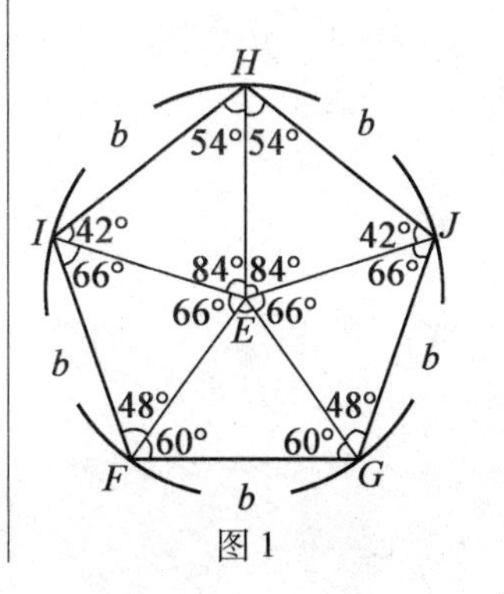

图 1

Ⅴ.出题方所给的参考答案是(提示):对于小正方形组成的图形,如果可以把这些小正方形排列起来的话,使得相邻的两个小正方形都有公共边.

日本第8届广中杯决赛试题
参考答案(2007年)

哈尔滨工业大学出版社刘培杰数学工作室
已出版(即将出版)图书目录

书　名	出版时间	定　价	编号
新编中学数学解题方法全书(高中版)上卷	2007—09	38.00	7
新编中学数学解题方法全书(高中版)中卷	2007—09	48.00	8
新编中学数学解题方法全书(高中版)下卷(一)	2007—09	42.00	17
新编中学数学解题方法全书(高中版)下卷(二)	2007—09	38.00	18
新编中学数学解题方法全书(高中版)下卷(三)	2010—06	58.00	73
新编中学数学解题方法全书(初中版)上卷	2008—01	28.00	29
新编中学数学解题方法全书(初中版)中卷	2010—07	38.00	75
新编中学数学解题方法全书(高考复习卷)	2010—01	48.00	67
新编中学数学解题方法全书(高考真题卷)	2010—01	38.00	62
新编中学数学解题方法全书(高考精华卷)	2011—03	68.00	118
新编平面解析几何解题方法全书(专题讲座卷)	2010—01	18.00	61
新编中学数学解题方法全书(自主招生卷)	2013—08	88.00	261
数学眼光透视	2008—01	38.00	24
数学思想领悟	2008—01	38.00	25
数学应用展观	2008—01	38.00	26
数学建模导引	2008—01	28.00	23
数学方法溯源	2008—01	38.00	27
数学史话览胜	2008—01	28.00	28
数学思维技术	2013—09	38.00	260
从毕达哥拉斯到怀尔斯	2007—10	48.00	9
从迪利克雷到维斯卡尔迪	2008—01	48.00	21
从哥德巴赫到陈景润	2008—05	98.00	35
从庞加莱到佩雷尔曼	2011—08	138.00	136
数学奥林匹克与数学文化(第一辑)	2006—05	48.00	4
数学奥林匹克与数学文化(第二辑)(竞赛卷)	2008—01	48.00	19
数学奥林匹克与数学文化(第二辑)(文化卷)	2008—07	58.00	36′
数学奥林匹克与数学文化(第三辑)(竞赛卷)	2010—01	48.00	59
数学奥林匹克与数学文化(第四辑)(竞赛卷)	2011—08	58.00	87
数学奥林匹克与数学文化(第五辑)	2015—06	98.00	370

哈尔滨工业大学出版社刘培杰数学工作室
已出版(即将出版)图书目录

书 名	出版时间	定 价	编号
世界著名平面几何经典著作钩沉——几何作图专题卷(上)	2009-06	48.00	49
世界著名平面几何经典著作钩沉——几何作图专题卷(下)	2011-01	88.00	80
世界著名平面几何经典著作钩沉(民国平面几何老课本)	2011-03	38.00	113
世界著名平面几何经典著作钩沉(建国初期平面三角老课本)	2015-08	38.00	507
世界著名解析几何经典著作钩沉——平面解析几何卷	2014-01	38.00	264
世界著名数论经典著作钩沉(算术卷)	2012-01	28.00	125
世界著名数学经典著作钩沉——立体几何卷	2011-02	28.00	88
世界著名三角学经典著作钩沉(平面三角卷Ⅰ)	2010-06	28.00	69
世界著名三角学经典著作钩沉(平面三角卷Ⅱ)	2011-01	38.00	78
世界著名初等数论经典著作钩沉(理论和实用算术卷)	2011-07	38.00	126

书 名	出版时间	定 价	编号
发展空间想象力	2010-01	38.00	57
走向国际数学奥林匹克的平面几何试题诠释(上、下)(第1版)	2007-01	68.00	11,12
走向国际数学奥林匹克的平面几何试题诠释(上、下)(第2版)	2010-02	98.00	63,64
平面几何证明方法全书	2007-08	35.00	1
平面几何证明方法全书习题解答(第1版)	2005-10	18.00	2
平面几何证明方法全书习题解答(第2版)	2006-12	18.00	10
平面几何天天练上卷·基础篇(直线型)	2013-01	58.00	208
平面几何天天练中卷·基础篇(涉及圆)	2013-01	28.00	234
平面几何天天练下卷·提高篇	2013-01	58.00	237
平面几何专题研究	2013-07	98.00	258
最新世界各国数学奥林匹克中的平面几何试题	2007-09	38.00	14
数学竞赛平面几何典型题及新颖解	2010-07	48.00	74
初等数学复习及研究(平面几何)	2008-09	58.00	38
初等数学复习及研究(立体几何)	2010-06	38.00	71
初等数学复习及研究(平面几何)习题解答	2009-01	48.00	42
几何学教程(平面几何卷)	2011-03	68.00	90
几何学教程(立体几何卷)	2011-07	68.00	130
几何变换与几何证题	2010-06	88.00	70
计算方法与几何证题	2011-06	28.00	129
立体几何技巧与方法	2014-04	88.00	293
几何瑰宝——平面几何500名题暨1000条定理(上、下)	2010-07	138.00	76,77
三角形的解法与应用	2012-07	18.00	183
近代的三角形几何学	2012-07	48.00	184
一般折线几何学	2015-08	48.00	203
三角形的五心	2009-06	28.00	51
三角形的六心及其应用	2015-10	68.00	542
三角形趣谈	2012-08	28.00	212
解三角形	2014-01	28.00	265
三角学专门教程	2014-09	28.00	387

哈尔滨工业大学出版社刘培杰数学工作室已出版(即将出版)图书目录

书　名	出版时间	定　价	编号
距离几何分析导引	2015－02	68.00	446
圆锥曲线习题集(上册)	2013－06	68.00	255
圆锥曲线习题集(中册)	2015－01	78.00	434
圆锥曲线习题集(下册)	即将出版		
近代欧氏几何学	2012－03	48.00	162
罗巴切夫斯基几何学及几何基础概要	2012－07	28.00	188
罗巴切夫斯基几何学初步	2015－06	28.00	474
用三角、解析几何、复数、向量计算解数学竞赛几何题	2015－03	48.00	455
美国中学几何教程	2015－04	88.00	458
三线坐标与三角形特征点	2015－04	98.00	460
平面解析几何方法与研究(第1卷)	2015－05	18.00	471
平面解析几何方法与研究(第2卷)	2015－06	18.00	472
平面解析几何方法与研究(第3卷)	2015－07	18.00	473
解析几何研究	2015－01	38.00	425
解析几何学教程.上	2016－01	38.00	574
解析几何学教程.下	2016－01	38.00	575
几何学基础	2016－01	58.00	581
初等几何研究	2015－02	58.00	444
俄罗斯平面几何问题集	2009－08	88.00	55
俄罗斯立体几何问题集	2014－03	58.00	283
俄罗斯几何大师——沙雷金论数学及其他	2014－01	48.00	271
来自俄罗斯的5000道几何习题及解答	2011－03	58.00	89
俄罗斯初等数学问题集	2012－05	38.00	177
俄罗斯函数问题集	2011－03	38.00	103
俄罗斯组合分析问题集	2011－01	48.00	79
俄罗斯初等数学万题选——三角卷	2012－11	38.00	222
俄罗斯初等数学万题选——代数卷	2013－08	68.00	225
俄罗斯初等数学万题选——几何卷	2014－01	68.00	226
463个俄罗斯几何老问题	2012－01	28.00	152
超越吉米多维奇.数列的极限	2009－11	48.00	58
超越普里瓦洛夫.留数卷	2015－01	28.00	437
超越普里瓦洛夫.无穷乘积与它对解析函数的应用卷	2015－05	28.00	477
超越普里瓦洛夫.积分卷	2015－06	18.00	481
超越普里瓦洛夫.基础知识卷	2015－06	28.00	482
超越普里瓦洛夫.数项级数卷	2015－07	38.00	489
初等数论难题集(第一卷)	2009－05	68.00	44
初等数论难题集(第二卷)(上、下)	2011－02	128.00	82,83
数论概貌	2011－03	18.00	93
代数数论(第二版)	2013－08	58.00	94
代数多项式	2014－06	38.00	289
初等数论的知识与问题	2011－02	28.00	95
超越数论基础	2011－03	28.00	96
数论初等教程	2011－03	28.00	97
数论基础	2011－03	18.00	98
数论基础与维诺格拉多夫	2014－03	18.00	292

哈尔滨工业大学出版社刘培杰数学工作室已出版(即将出版)图书目录

书　　名	出版时间	定　价	编号
解析数论基础	2012－08	28.00	216
解析数论基础(第二版)	2014－01	48.00	287
解析数论问题集(第二版)(原版引进)	2014－05	88.00	343
解析数论问题集(第二版)(中译本)	2016－04	88.00	607
数论入门	2011－03	38.00	99
代数数论入门	2015－03	38.00	448
数论开篇	2012－07	28.00	194
解析数论引论	2011－03	48.00	100
Barban Davenport Halberstam 均值和	2009－01	40.00	33
基础数论	2011－03	28.00	101
初等数论 100 例	2011－05	18.00	122
初等数论经典例题	2012－07	18.00	204
最新世界各国数学奥林匹克中的初等数论试题(上、下)	2012－01	138.00	144,145
初等数论(Ⅰ)	2012－01	18.00	156
初等数论(Ⅱ)	2012－01	18.00	157
初等数论(Ⅲ)	2012－01	28.00	158
平面几何与数论中未解决的新老问题	2013－01	68.00	229
代数数论简史	2014－11	28.00	408
代数数论	2015－09	88.00	532
数论导引提要及习题解答	2016－01	48.00	559
谈谈素数	2011－03	18.00	91
平方和	2011－03	18.00	92
复变函数引论	2013－10	68.00	269
伸缩变换与抛物旋转	2015－01	38.00	449
无穷分析引论(上)	2013－04	88.00	247
无穷分析引论(下)	2013－04	98.00	245
数学分析	2014－04	28.00	338
数学分析中的一个新方法及其应用	2013－01	38.00	231
数学分析例选:通过范例学技巧	2013－01	88.00	243
高等代数例选:通过范例学技巧	2015－06	88.00	475
三角级数论(上册)(陈建功)	2013－01	38.00	232
三角级数论(下册)(陈建功)	2013－01	48.00	233
三角级数论(哈代)	2013－06	48.00	254
三角级数	2015－07	28.00	263
超越数	2011－03	18.00	109
三角和方法	2011－03	18.00	112
整数论	2011－05	38.00	120
从整数谈起	2015－10	28.00	538
随机过程(Ⅰ)	2014－01	78.00	224
随机过程(Ⅱ)	2014－01	68.00	235
算术探索	2011－12	158.00	148
组合数学	2012－04	28.00	178
组合数学浅谈	2012－03	28.00	159
丢番图方程引论	2012－03	48.00	172
拉普拉斯变换及其应用	2015－02	38.00	447
高等代数.上	2016－01	38.00	548
高等代数.下	2016－01	38.00	549
高等代数教程	2016－01	58.00	579

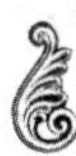

哈尔滨工业大学出版社刘培杰数学工作室已出版(即将出版)图书目录

书　　名	出版时间	定　价	编号
数学解析教程.上卷.1	2016—01	58.00	546
数学解析教程.上卷.2	2016—01	38.00	553
函数构造论.上	2016—01	38.00	554
函数构造论.下	即将出版		555
数与多项式	2016—01	38.00	558
概周期函数	2016—01	48.00	572
变叙的项的极限分布律	2016—01	18.00	573
整函数	2012—08	18.00	161
近代拓扑学研究	2013—04	38.00	239
多项式和无理数	2008—01	68.00	22
模糊数据统计学	2008—03	48.00	31
模糊分析学与特殊泛函空间	2013—01	68.00	241
谈谈不定方程	2011—05	28.00	119
常微分方程	2016—01	58.00	586
平稳随机函数导论	2016—03	48.00	587
量子力学原理・上	2016—01	38.00	588
受控理论与解析不等式	2012—05	78.00	165
解析不等式新论	2009—06	68.00	48
建立不等式的方法	2011—03	98.00	104
数学奥林匹克不等式研究	2009—08	68.00	56
不等式研究(第二辑)	2012—02	68.00	153
不等式的秘密(第一卷)	2012—02	28.00	154
不等式的秘密(第一卷)(第2版)	2014—02	38.00	286
不等式的秘密(第二卷)	2014—01	38.00	268
初等不等式的证明方法	2010—06	38.00	123
初等不等式的证明方法(第二版)	2014—11	38.00	407
不等式・理论・方法(基础卷)	2015—07	38.00	496
不等式・理论・方法(经典不等式卷)	2015—07	38.00	497
不等式・理论・方法(特殊类型不等式卷)	2015—07	48.00	498
不等式的分拆降维降幂方法与可读证明	2016—01	68.00	591
不等式探究	2016—03	38.00	582
同余理论	2012—05	38.00	163
[x]与{x}	2015—04	48.00	476
极值与最值.上卷	2015—06	28.00	486
极值与最值.中卷	2015—06	38.00	487
极值与最值.下卷	2015—06	28.00	488
整数的性质	2012—11	38.00	192
完全平方数及其应用	2015—08	78.00	506
多项式理论	2015—10	88.00	541
历届美国中学生数学竞赛试题及解答(第一卷)1950—1954	2014—07	18.00	277
历届美国中学生数学竞赛试题及解答(第二卷)1955—1959	2014—04	18.00	278
历届美国中学生数学竞赛试题及解答(第三卷)1960—1964	2014—06	18.00	279
历届美国中学生数学竞赛试题及解答(第四卷)1965—1969	2014—04	28.00	280
历届美国中学生数学竞赛试题及解答(第五卷)1970—1972	2014—06	18.00	281
历届美国中学生数学竞赛试题及解答(第七卷)1981—1986	2015—01	18.00	424

哈尔滨工业大学出版社刘培杰数学工作室已出版(即将出版)图书目录

书　名	出版时间	定　价	编号
历届IMO试题集(1959—2005)	2006—05	58.00	5
历届CMO试题集	2008—09	28.00	40
历届中国数学奥林匹克试题集	2014—10	38.00	394
历届加拿大数学奥林匹克试题集	2012—08	38.00	215
历届美国数学奥林匹克试题集:多解推广加强	2012—08	38.00	209
历届美国数学奥林匹克试题集:多解推广加强(第2版)	2016—03	48.00	592
历届波兰数学竞赛试题集.第1卷,1949～1963	2015—03	18.00	453
历届波兰数学竞赛试题集.第2卷,1964～1976	2015—03	18.00	454
历届巴尔干数学奥林匹克试题集	2015—05	38.00	466
保加利亚数学奥林匹克	2014—10	38.00	393
圣彼得堡数学奥林匹克试题集	2015—01	38.00	429
匈牙利奥林匹克数学竞赛题解.第1卷	2016—05	28.00	593
匈牙利奥林匹克数学竞赛题解.第2卷	2016—05	28.00	594
历届国际大学生数学竞赛试题集(1994—2010)	2012—01	28.00	143
全国大学生数学夏令营数学竞赛试题及解答	2007—03	28.00	15
全国大学生数学竞赛辅导教程	2012—07	28.00	189
全国大学生数学竞赛复习全书	2014—04	48.00	340
历届美国大学生数学竞赛试题集	2009—03	88.00	43
前苏联大学生数学奥林匹克竞赛题解(上编)	2012—04	28.00	169
前苏联大学生数学奥林匹克竞赛题解(下编)	2012—04	38.00	170
历届美国数学邀请赛试题集	2014—01	48.00	270
全国高中数学竞赛试题及解答.第1卷	2014—07	38.00	331
大学生数学竞赛讲义	2014—09	28.00	371
亚太地区数学奥林匹克竞赛题	2015—07	18.00	492
日本历届(初级)广中杯数学竞赛试题及解答.第1卷(2000～2007)	2016—05	28.00	641
日本历届(初级)广中杯数学竞赛试题及解答.第2卷(2008～2015)	2016—05	38.00	642

书　名	出版时间	定　价	编号
高考数学临门一脚(含密押三套卷)(理科版)	2015—01	24.80	421
高考数学临门一脚(含密押三套卷)(文科版)	2015—01	24.80	422
新课标高考数学题型全归纳(文科版)	2015—05	72.00	467
新课标高考数学题型全归纳(理科版)	2015—05	82.00	468
王连笑教你怎样学数学:高考选择题解题策略与客观题实用训练	2014—01	48.00	262
王连笑教你怎样学数学:高考数学高层次讲座	2015—02	48.00	432
高考数学的理论与实践	2009—08	38.00	53
高考数学核心题型解题方法与技巧	2010—01	28.00	86
高考思维新平台	2014—03	38.00	259
30分钟拿下高考数学选择题、填空题(第二版)	2012—01	28.00	146
高考数学压轴题解题诀窍(上)	2012—02	78.00	166
高考数学压轴题解题诀窍(下)	2012—03	28.00	167
北京市五区文科数学三年高考模拟题详解:2013～2015	2015—08	48.00	500
北京市五区理科数学三年高考模拟题详解:2013～2015	2015—09	68.00	505
向量法巧解数学高考题	2009—08	28.00	54
高考数学万能解题法	2015—09	28.00	534
高考物理万能解题法	2015—09	28.00	537
高考化学万能解题法	2015—11	25.00	557
高考生物万能解题法	2016—03	25.00	598

哈尔滨工业大学出版社刘培杰数学工作室已出版(即将出版)图书目录

书　　名	出版时间	定　价	编号
高考数学解题金典	2016－04	68.00	602
高考物理解题金典	2016－03	58.00	603
高考化学解题金典	即将出版		604
高考生物解题金典	即将出版		605
我一定要赚分:高中物理	2016－01	38.00	580
数学高考参考	2016－01	78.00	589
2011～2015 年全国及各省市高考数学文科精品试题审题要津与解法研究	2015－10	68.00	539
2011～2015 年全国及各省市高考数学理科精品试题审题要津与解法研究	2015－10	88.00	540
最新全国及各省市高考数学试卷解法研究及点拨评析	2009－02	38.00	41
2011 年全国及各省市高考数学试题审题要津与解法研究	2011－10	48.00	139
2013 年全国及各省市高考数学试题解析与点评	2014－01	48.00	282
全国及各省市高考数学试题审题要津与解法研究	2015－02	48.00	450
新课标高考数学——五年试题分章详解(2007～2011)(上、下)	2011－10	78.00	140,141
全国中考数学压轴题审题要津与解法研究	2013－04	78.00	248
新编全国及各省市中考数学压轴题审题要津与解法研究	2014－05	58.00	342
全国及各省市 5 年中考数学压轴题审题要津与解法研究	2015－04	58.00	462
中考数学专题总复习	2007－04	28.00	6
中考数学较难题、难题常考题型解题方法与技巧.上	2016－01	48.00	584
中考数学较难题、难题常考题型解题方法与技巧.下	2016－01	58.00	585
北京中考数学压轴题解题方法突破	2016－03	38.00	597
助你高考成功的数学解题智慧:知识是智慧的基础	2016－01	58.00	596
助你高考成功的数学解题智慧:错误是智慧的试金石	2016－04	58.00	643
高考数学奇思妙解	2016－04	38.00	610
数学奥林匹克在中国	2014－06	98.00	344
数学奥林匹克问题集	2014－01	38.00	267
数学奥林匹克不等式散论	2010－06	38.00	124
数学奥林匹克不等式欣赏	2011－09	38.00	138
数学奥林匹克超级题库(初中卷上)	2010－01	58.00	66
数学奥林匹克不等式证明方法和技巧(上、下)	2011－08	158.00	134,135
新编 640 个世界著名数学智力趣题	2014－01	88.00	242
500 个最新世界著名数学智力趣题	2008－06	48.00	3
400 个最新世界著名数学最值问题	2008－09	48.00	36
500 个世界著名数学征解问题	2009－06	48.00	52
400 个中国最佳初等数学征解老问题	2010－01	48.00	60
500 个俄罗斯数学经典老题	2011－01	28.00	81
1000 个国外中学物理好题	2012－04	48.00	174
300 个日本高考数学题	2012－05	38.00	142
500 个前苏联早期高考数学试题及解答	2012－05	28.00	185
546 个早期俄罗斯大学生数学竞赛题	2014－03	38.00	285
548 个来自美苏的数学好问题	2014－11	28.00	396
20 所苏联著名大学早期入学试题	2015－02	18.00	452
161 道德国工科大学生必做的微分方程习题	2015－05	28.00	469
500 个德国工科大学生必做的高数习题	2015－06	28.00	478
德国讲义日本考题.微积分卷	2015－04	48.00	456
德国讲义日本考题.微分方程卷	2015－04	38.00	457

哈尔滨工业大学出版社刘培杰数学工作室 已出版(即将出版)图书目录

书　　名	出版时间	定　价	编号
中国初等数学研究　2009 卷(第 1 辑)	2009－05	20.00	45
中国初等数学研究　2010 卷(第 2 辑)	2010－05	30.00	68
中国初等数学研究　2011 卷(第 3 辑)	2011－07	60.00	127
中国初等数学研究　2012 卷(第 4 辑)	2012－07	48.00	190
中国初等数学研究　2014 卷(第 5 辑)	2014－02	48.00	288
中国初等数学研究　2015 卷(第 6 辑)	2015－06	68.00	493
中国初等数学研究　2016 卷(第 7 辑)	2016－04	68.00	609
几何变换(Ⅰ)	2014－07	28.00	353
几何变换(Ⅱ)	2015－06	28.00	354
几何变换(Ⅲ)	2015－01	38.00	355
几何变换(Ⅳ)	2015－12	38.00	356
博弈论精粹	2008－03	58.00	30
博弈论精粹.第二版(精装)	2015－01	88.00	461
数学 我爱你	2008－01	28.00	20
精神的圣徒　别样的人生——60 位中国数学家成长的历程	2008－09	48.00	39
数学史概论	2009－06	78.00	50
数学史概论(精装)	2013－03	158.00	272
数学史选讲	2016－01	48.00	544
斐波那契数列	2010－02	28.00	65
数学拼盘和斐波那契魔方	2010－07	38.00	72
斐波那契数列欣赏	2011－01	28.00	160
数学的创造	2011－02	48.00	85
数学美与创造力	2016－01	48.00	595
数海拾贝	2016－01	48.00	590
数学中的美	2011－02	38.00	84
数论中的美学	2014－12	38.00	351
数学王者　科学巨人——高斯	2015－01	28.00	428
振兴祖国数学的圆梦之旅:中国初等数学研究史话	2015－06	78.00	490
二十世纪中国数学史料研究	2015－10	48.00	536
数字谜、数阵图与棋盘覆盖	2016－01	58.00	298
时间的形状	2016－01	38.00	556
数学解题——靠数学思想给力(上)	2011－07	38.00	131
数学解题——靠数学思想给力(中)	2011－07	48.00	132
数学解题——靠数学思想给力(下)	2011－07	38.00	133
我怎样解题	2013－01	48.00	227
数学解题中的物理方法	2011－06	28.00	114
数学解题的特殊方法	2011－06	48.00	115
中学数学计算技巧	2012－01	48.00	116
中学数学证明方法	2012－01	58.00	117
数学趣题巧解	2012－03	28.00	128
高中数学教学通鉴	2015－05	58.00	479
和高中生漫谈:数学与哲学的故事	2014－08	28.00	369
自主招生考试中的参数方程问题	2015－01	28.00	435
自主招生考试中的极坐标问题	2015－04	28.00	463
近年全国重点大学自主招生数学试题全解及研究.华约卷	2015－02	38.00	441
近年全国重点大学自主招生数学试题全解及研究.北约卷	2016－05	38.00	619
自主招生数学解证宝典	2015－09	48.00	535

哈尔滨工业大学出版社刘培杰数学工作室已出版(即将出版)图书目录

书　　名	出版时间	定　价	编号
格点和面积	2012－07	18.00	191
射影几何趣谈	2012－04	28.00	175
斯潘纳尔引理——从一道加拿大数学奥林匹克试题谈起	2014－01	28.00	228
李普希兹条件——从几道近年高考数学试题谈起	2012－10	18.00	221
拉格朗日中值定理——从一道北京高考试题的解法谈起	2015－10	18.00	197
闵科夫斯基定理——从一道清华大学自主招生试题谈起	2014－01	28.00	198
哈尔测度——从一道冬令营试题的背景谈起	2012－08	28.00	202
切比雪夫逼近问题——从一道中国台北数学奥林匹克试题谈起	2013－04	38.00	238
伯恩斯坦多项式与贝齐尔曲面——从一道全国高中数学联赛试题谈起	2013－03	38.00	236
卡塔兰猜想——从一道普特南竞赛试题谈起	2013－06	18.00	256
麦卡锡函数和阿克曼函数——从一道前南斯拉夫数学奥林匹克试题谈起	2012－08	18.00	201
贝蒂定理与拉姆贝克莫斯尔定理——从一个拣石子游戏谈起	2012－08	18.00	217
皮亚诺曲线和豪斯道夫分球定理——从无限集谈起	2012－08	18.00	211
平面凸图形与凸多面体	2012－10	28.00	218
斯坦因豪斯问题——从一道二十五省市自治区中学数学竞赛试题谈起	2012－07	18.00	196
纽结理论中的亚历山大多项式与琼斯多项式——从一道北京市高一数学竞赛试题谈起	2012－07	28.00	195
原则与策略——从波利亚"解题表"谈起	2013－04	38.00	244
转化与化归——从三大尺规作图不能问题谈起	2012－08	28.00	214
代数几何中的贝祖定理(第一版)——从一道 IMO 试题的解法谈起	2013－08	18.00	193
成功连贯理论与约当块理论——从一道比利时数学竞赛试题谈起	2012－04	18.00	180
素数判定与大数分解	2014－08	18.00	199
置换多项式及其应用	2012－10	18.00	220
椭圆函数与模函数——从一道美国加州大学洛杉矶分校(UCLA)博士资格考题谈起	2012－10	28.00	219
差分方程的拉格朗日方法——从一道 2011 年全国高考理科试题的解法谈起	2012－08	28.00	200
力学在几何中的一些应用	2013－01	38.00	240
高斯散度定理、斯托克斯定理和平面格林定理——从一道国际大学生数学竞赛试题谈起	即将出版		
康托洛维奇不等式——从一道全国高中联赛试题谈起	2013－03	28.00	337
西格尔引理——从一道第 18 届 IMO 试题的解法谈起	即将出版		
罗斯定理——从一道前苏联数学竞赛试题谈起	即将出版		
拉克斯定理和阿廷定理——从一道 IMO 试题的解法谈起	2014－01	58.00	246
毕卡大定理——从一道美国大学数学竞赛试题谈起	2014－07	18.00	350
贝齐尔曲线——从一道全国高中联赛试题谈起	即将出版		
拉格朗日乘子定理——从一道 2005 年全国高中联赛试题的高等数学解法谈起	2015－05	28.00	480
雅可比定理——从一道日本数学奥林匹克试题谈起	2013－04	48.00	249
李天岩－约克定理——从一道波兰数学竞赛试题谈起	2014－06	28.00	349
整系数多项式因式分解的一般方法——从克朗耐克算法谈起	即将出版		
布劳维不动点定理——从一道前苏联数学奥林匹克试题谈起	2014－01	38.00	273
伯恩赛德定理——从一道英国数学奥林匹克试题谈起	即将出版		
布查特－莫斯特定理——从一道上海市初中竞赛试题谈起	即将出版		

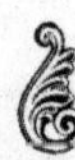

哈尔滨工业大学出版社刘培杰数学工作室已出版(即将出版)图书目录

书　　名	出版时间	定　价	编号
数论中的同余数问题——从一道普特南竞赛试题谈起	即将出版		
范·德蒙行列式——从一道美国数学奥林匹克试题谈起	即将出版		
中国剩余定理:总数法构建中国历史年表	2015－01	28.00	430
牛顿程序与方程求根——从一道全国高考试题解法谈起	即将出版		
库默尔定理——从一道 IMO 预选试题谈起	即将出版		
卢丁定理——从一道冬令营试题的解法谈起	即将出版		
沃斯滕霍姆定理——从一道 IMO 预选试题谈起	即将出版		
卡尔松不等式——从一道莫斯科数学奥林匹克试题谈起	即将出版		
信息论中的香农熵——从一道近年高考压轴题谈起	即将出版		
约当不等式——从一道希望杯竞赛试题谈起	即将出版		
拉比诺维奇定理	即将出版		
刘维尔定理——从一道《美国数学月刊》征解问题的解法谈起	即将出版		
卡塔兰恒等式与级数求和——从一道 IMO 试题的解法谈起	即将出版		
勒让德猜想与素数分布——从一道爱尔兰竞赛试题谈起	即将出版		
天平称重与信息论——从一道基辅市数学奥林匹克试题谈起	即将出版		
哈密尔顿－凯莱定理:从一道高中数学联赛试题的解法谈起	2014－09	18.00	376
艾思特曼定理——从一道 CMO 试题的解法谈起	即将出版		
一个爱尔特希问题——从一道西德数学奥林匹克试题谈起	即将出版		
有限群中的爱丁格尔问题——从一道北京市初中二年级数学竞赛试题谈起	即将出版		
贝克码与编码理论——从一道全国高中联赛试题谈起	即将出版		
帕斯卡三角形	2014－03	18.00	294
蒲丰投针问题——从 2009 年清华大学的一道自主招生试题谈起	2014－01	38.00	295
斯图姆定理——从一道"华约"自主招生试题的解法谈起	2014－01	18.00	296
许瓦兹引理——从一道加利福尼亚大学伯克利分校数学系博士生试题谈起	2014－08	18.00	297
拉姆塞定理——从王诗宬院士的一个问题谈起	2016－04	48.00	299
坐标法	2013－12	28.00	332
数论三角形	2014－04	38.00	341
毕克定理	2014－07	18.00	352
数林掠影	2014－09	48.00	389
我们周围的概率	2014－10	38.00	390
凸函数最值定理:从一道华约自主招生题的解法谈起	2014－10	28.00	391
易学与数学奥林匹克	2014－10	38.00	392
生物数学趣谈	2015－01	18.00	409
反演	2015－01	28.00	420
因式分解与圆锥曲线	2015－01	18.00	426
轨迹	2015－01	28.00	427
面积原理:从常庚哲命的一道 CMO 试题的积分解法谈起	2015－01	48.00	431
形形色色的不动点定理:从一道 28 届 IMO 试题谈起	2015－01	38.00	439
柯西函数方程:从一道上海交大自主招生的试题谈起	2015－02	28.00	440
三角恒等式	2015－02	28.00	442
无理性判定:从一道 2014 年"北约"自主招生试题谈起	2015－01	38.00	443
数学归纳法	2015－03	18.00	451
极端原理与解题	2015－04	28.00	464
法雷级数	2014－08	18.00	367
摆线族	2015－01	38.00	438
函数方程及其解法	2015－05	38.00	470
含参数的方程和不等式	2012－09	28.00	213
希尔伯特第十问题	2016－01	38.00	543
无穷小量的求和	2016－01	28.00	545

哈尔滨工业大学出版社刘培杰数学工作室已出版(即将出版)图书目录

书　　名	出版时间	定　价	编号
切比雪夫多项式:从一道清华大学金秋营试题谈起	2016－01	38.00	583
泽肯多夫定理	2016－03	38.00	599
代数等式证题法	2016－01	28.00	600
三角等式证题法	2016－01	28.00	601
中等数学英语阅读文选	2006－12	38.00	13
统计学专业英语	2007－03	28.00	16
统计学专业英语(第二版)	2012－07	48.00	176
统计学专业英语(第三版)	2015－04	68.00	465
幻方和魔方(第一卷)	2012－05	68.00	173
尘封的经典——初等数学经典文献选读(第一卷)	2012－07	48.00	205
尘封的经典——初等数学经典文献选读(第二卷)	2012－07	38.00	206
代换分析:英文	2015－07	38.00	499
实变函数论	2012－06	78.00	181
复变函数论	2015－08	38.00	504
非光滑优化及其变分分析	2014－01	48.00	230
疏散的马尔科夫链	2014－01	58.00	266
马尔科夫过程论基础	2015－01	28.00	433
初等微分拓扑学	2012－07	18.00	182
方程式论	2011－03	38.00	105
初级方程式论	2011－03	28.00	106
Galois 理论	2011－03	18.00	107
古典数学难题与伽罗瓦理论	2012－11	58.00	223
伽罗华与群论	2014－01	28.00	290
代数方程的根式解及伽罗瓦理论	2011－03	28.00	108
代数方程的根式解及伽罗瓦理论(第二版)	2015－01	28.00	423
线性偏微分方程讲义	2011－03	18.00	110
几类微分方程数值方法的研究	2015－05	38.00	485
N 体问题的周期解	2011－03	28.00	111
代数方程式论	2011－05	18.00	121
动力系统的不变量与函数方程	2011－07	48.00	137
基于短语评价的翻译知识获取	2012－02	48.00	168
应用随机过程	2012－04	48.00	187
概率论导引	2012－04	18.00	179
矩阵论(上)	2013－06	58.00	250
矩阵论(下)	2013－06	48.00	251
对称锥互补问题的内点法:理论分析与算法实现	2014－08	68.00	368
抽象代数:方法导引	2013－06	38.00	257
集论	2016－01	48.00	576
多项式理论研究综述	2016－01	38.00	577
函数论	2014－11	78.00	395
反问题的计算方法及应用	2011－11	28.00	147
初等数学研究(Ⅰ)	2008－09	68.00	37
初等数学研究(Ⅱ)(上、下)	2009－05	118.00	46,47
数阵及其应用	2012－02	28.00	164
绝对值方程—折边与组合图形的解析研究	2012－07	48.00	186
代数函数论(上)	2015－07	38.00	494
代数函数论(下)	2015－07	38.00	495
偏微分方程论:法文	2015－10	48.00	533
时标动力学方程的指数型二分性与周期解	2016－04	48.00	606
重刚体绕不动点运动方程的积分法	2016－05	68.00	608
水轮机水力稳定性	2016－05	48.00	620

哈尔滨工业大学出版社刘培杰数学工作室已出版(即将出版)图书目录

书　名	出版时间	定　价	编号
趣味初等方程妙题集锦	2014—09	48.00	388
趣味初等数论选美与欣赏	2015—02	48.00	445
耕读笔记(上卷):一位农民数学爱好者的初数探索	2015—04	28.00	459
耕读笔记(中卷):一位农民数学爱好者的初数探索	2015—05	28.00	483
耕读笔记(下卷):一位农民数学爱好者的初数探索	2015—05	28.00	484
几何不等式研究与欣赏.上卷	2016—01	88.00	547
几何不等式研究与欣赏.下卷	2016—01	48.00	552
初等数列研究与欣赏·上	2016—01	48.00	570
初等数列研究与欣赏·下	2016—01	48.00	571
火柴游戏	2016—05	38.00	612
异曲同工	即将出版		613
智力解谜	即将出版		614
故事智力	即将出版		615
名人们喜欢的智力问题	即将出版		616
数学大师的发现、创造与失误	即将出版		617
数学味道	即将出版		618
数贝偶拾——高考数学题研究	2014—04	28.00	274
数贝偶拾——初等数学研究	2014—04	38.00	275
数贝偶拾——奥数题研究	2014—04	48.00	276
集合、函数与方程	2014—01	28.00	300
数列与不等式	2014—01	38.00	301
三角与平面向量	2014—01	28.00	302
平面解析几何	2014—01	38.00	303
立体几何与组合	2014—01	28.00	304
极限与导数、数学归纳法	2014—01	38.00	305
趣味数学	2014—03	28.00	306
教材教法	2014—04	68.00	307
自主招生	2014—05	58.00	308
高考压轴题(上)	2015—01	48.00	309
高考压轴题(下)	2014—10	68.00	310
从费马到怀尔斯——费马大定理的历史	2013—10	198.00	Ⅰ
从庞加莱到佩雷尔曼——庞加莱猜想的历史	2013—10	298.00	Ⅱ
从切比雪夫到爱尔特希(上)——素数定理的初等证明	2013—07	48.00	Ⅲ
从切比雪夫到爱尔特希(下)——素数定理100年	2012—12	98.00	Ⅲ
从高斯到盖尔方特——二次域的高斯猜想	2013—10	198.00	Ⅳ
从库默尔到朗兰兹——朗兰兹猜想的历史	2014—01	98.00	Ⅴ
从比勃巴赫到德布朗斯——比勃巴赫猜想的历史	2014—02	298.00	Ⅵ
从麦比乌斯到陈省身——麦比乌斯变换与麦比乌斯带	2014—02	298.00	Ⅶ
从布尔到豪斯道夫——布尔方程与格论漫谈	2013—10	198.00	Ⅷ
从开普勒到阿诺德——三体问题的历史	2014—05	298.00	Ⅸ
从华林到华罗庚——华林问题的历史	2013—10	298.00	Ⅹ

哈尔滨工业大学出版社刘培杰数学工作室已出版(即将出版)图书目录

书　　名	出版时间	定　价	编号
吴振奎高等数学解题真经(概率统计卷)	2012-01	38.00	149
吴振奎高等数学解题真经(微积分卷)	2012-01	68.00	150
吴振奎高等数学解题真经(线性代数卷)	2012-01	58.00	151
钱昌本教你快乐学数学(上)	2011-12	48.00	155
钱昌本教你快乐学数学(下)	2012-03	58.00	171
高等数学解题全攻略(上卷)	2013-06	58.00	252
高等数学解题全攻略(下卷)	2013-06	58.00	253
高等数学复习纲要	2014-01	18.00	384
三角函数	2014-01	38.00	311
不等式	2014-01	38.00	312
数列	2014-01	38.00	313
方程	2014-01	28.00	314
排列和组合	2014-01	28.00	315
极限与导数	2014-01	28.00	316
向量	2014-09	38.00	317
复数及其应用	2014-08	28.00	318
函数	2014-01	38.00	319
集合	即将出版		320
直线与平面	2014-01	28.00	321
立体几何	2014-04	28.00	322
解三角形	即将出版		323
直线与圆	2014-01	28.00	324
圆锥曲线	2014-01	38.00	325
解题通法(一)	2014-07	38.00	326
解题通法(二)	2014-07	38.00	327
解题通法(三)	2014-05	38.00	328
概率与统计	2014-01	28.00	329
信息迁移与算法	即将出版		330
三角函数(第2版)	即将出版		627
向量(第2版)	即将出版		628
立体几何(第2版)	2016-04	38.00	630
直线与圆(第2版)	即将出版		632
圆锥曲线(第2版)	即将出版		633
极限与导数(第2版)	2016-04	38.00	636
美国高中数学竞赛五十讲.第1卷(英文)	2014-08	28.00	357
美国高中数学竞赛五十讲.第2卷(英文)	2014-08	28.00	358
美国高中数学竞赛五十讲.第3卷(英文)	2014-09	28.00	359
美国高中数学竞赛五十讲.第4卷(英文)	2014-09	28.00	360
美国高中数学竞赛五十讲.第5卷(英文)	2014-10	28.00	361
美国高中数学竞赛五十讲.第6卷(英文)	2014-11	28.00	362
美国高中数学竞赛五十讲.第7卷(英文)	2014-12	28.00	363
美国高中数学竞赛五十讲.第8卷(英文)	2015-01	28.00	364
美国高中数学竞赛五十讲.第9卷(英文)	2015-01	28.00	365
美国高中数学竞赛五十讲.第10卷(英文)	2015-02	38.00	366

哈尔滨工业大学出版社刘培杰数学工作室
已出版(即将出版)图书目录

书　名	出版时间	定　价	编号
IMO 50 年.第 1 卷(1959－1963)	2014－11	28.00	377
IMO 50 年.第 2 卷(1964－1968)	2014－11	28.00	378
IMO 50 年.第 3 卷(1969－1973)	2014－09	28.00	379
IMO 50 年.第 4 卷(1974－1978)	2016－04	38.00	380
IMO 50 年.第 5 卷(1979－1984)	2015－04	38.00	381
IMO 50 年.第 6 卷(1985－1989)	2015－04	58.00	382
IMO 50 年.第 7 卷(1990－1994)	2016－01	48.00	383
IMO 50 年.第 8 卷(1995－1999)	2016－06	38.00	384
IMO 50 年.第 9 卷(2000－2004)	2015－04	58.00	385
IMO 50 年.第 10 卷(2005－2009)	2016－01	48.00	386
IMO 50 年.第 11 卷(2010－2015)	即将出版		646
历届美国大学生数学竞赛试题集.第一卷(1938—1949)	2015－01	28.00	397
历届美国大学生数学竞赛试题集.第二卷(1950—1959)	2015－01	28.00	398
历届美国大学生数学竞赛试题集.第三卷(1960—1969)	2015－01	28.00	399
历届美国大学生数学竞赛试题集.第四卷(1970—1979)	2015－01	18.00	400
历届美国大学生数学竞赛试题集.第五卷(1980—1989)	2015－01	28.00	401
历届美国大学生数学竞赛试题集.第六卷(1990—1999)	2015－01	28.00	402
历届美国大学生数学竞赛试题集.第七卷(2000—2009)	2015－08	18.00	403
历届美国大学生数学竞赛试题集.第八卷(2010—2012)	2015－01	18.00	404
新课标高考数学创新题解题诀窍:总论	2014－09	28.00	372
新课标高考数学创新题解题诀窍:必修 1～5 分册	2014－08	38.00	373
新课标高考数学创新题解题诀窍:选修 2－1,2－2,1－1,1－2分册	2014－09	38.00	374
新课标高考数学创新题解题诀窍:选修 2－3,4－4,4－5分册	2014－09	18.00	375
全国重点大学自主招生英文数学试题全攻略:词汇卷	2015－07	48.00	410
全国重点大学自主招生英文数学试题全攻略:概念卷	2015－01	28.00	411
全国重点大学自主招生英文数学试题全攻略:文章选读卷(上)	即将出版		412
全国重点大学自主招生英文数学试题全攻略:文章选读卷(下)	即将出版		413
全国重点大学自主招生英文数学试题全攻略:试题卷	2015－07	38.00	414
全国重点大学自主招生英文数学试题全攻略:名著欣赏卷	即将出版		415
数学物理大百科全书.第 1 卷	2016－01	418.00	508
数学物理大百科全书.第 2 卷	2016－01	408.00	509
数学物理大百科全书.第 3 卷	2016－01	396.00	510
数学物理大百科全书.第 4 卷	2016－01	408.00	511
数学物理大百科全书.第 5 卷	2016－01	368.00	512
劳埃德数学趣题大全.题目卷.1:英文	2016－01	18.00	516
劳埃德数学趣题大全.题目卷.2:英文	2016－01	18.00	517
劳埃德数学趣题大全.题目卷.3:英文	2016－01	18.00	518
劳埃德数学趣题大全.题目卷.4:英文	2016－01	18.00	519
劳埃德数学趣题大全.题目卷.5:英文	2016－01	18.00	520
劳埃德数学趣题大全.答案卷:英文	2016－01	18.00	521

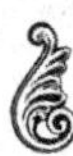

哈尔滨工业大学出版社刘培杰数学工作室 已出版(即将出版)图书目录

书　名	出版时间	定　价	编号
李成章教练奥数笔记.第1卷	2016－01	48.00	522
李成章教练奥数笔记.第2卷	2016－01	48.00	523
李成章教练奥数笔记.第3卷	2016－01	38.00	524
李成章教练奥数笔记.第4卷	2016－01	38.00	525
李成章教练奥数笔记.第5卷	2016－01	38.00	526
李成章教练奥数笔记.第6卷	2016－01	38.00	527
李成章教练奥数笔记.第7卷	2016－01	38.00	528
李成章教练奥数笔记.第8卷	2016－01	48.00	529
李成章教练奥数笔记.第9卷	2016－01	28.00	530
zeta函数,q-zeta函数,相伴级数与积分	2015－08	88.00	513
微分形式:理论与练习	2015－08	58.00	514
离散与微分包含的逼近和优化	2015－08	58.00	515
艾伦·图灵:他的工作与影响	2016－01	98.00	560
测度理论概率导论,第2版	2016－01	88.00	561
带有潜在故障恢复系统的半马尔柯夫模型控制	2016－01	98.00	562
数学分析原理	2016－01	88.00	563
随机偏微分方程的有效动力学	2016－01	88.00	564
图的谱半径	2016－01	58.00	565
量子机器学习中数据挖掘的量子计算方法	2016－01	98.00	566
量子物理的非常规方法	2016－01	118.00	567
运输过程的统一非局部理论:广义波尔兹曼物理动力学,第2版	2016－01	198.00	568
量子力学与经典力学之间的联系在原子、分子及电动力学系统建模中的应用	2016－01	58.00	569
第19～23届"希望杯"全国数学邀请赛试题审题要津详细评注(初一版)	2014－03	28.00	333
第19～23届"希望杯"全国数学邀请赛试题审题要津详细评注(初二、初三版)	2014－03	38.00	334
第19～23届"希望杯"全国数学邀请赛试题审题要津详细评注(高一版)	2014－03	28.00	335
第19～23届"希望杯"全国数学邀请赛试题审题要津详细评注(高二版)	2014－03	38.00	336
第19～25届"希望杯"全国数学邀请赛试题审题要津详细评注(初一版)	2015－01	38.00	416
第19～25届"希望杯"全国数学邀请赛试题审题要津详细评注(初二、初三版)	2015－01	58.00	417
第19～25届"希望杯"全国数学邀请赛试题审题要津详细评注(高一版)	2015－01	48.00	418
第19～25届"希望杯"全国数学邀请赛试题审题要津详细评注(高二版)	2015－01	48.00	419
闵嗣鹤文集	2011－03	98.00	102
吴从炘数学活动三十年(1951～1980)	2010－07	99.00	32
吴从炘数学活动又三十年(1981～2010)	2015－07	98.00	491
物理奥林匹克竞赛大题典——力学卷	2014－11	48.00	405
物理奥林匹克竞赛大题典——热学卷	2014－04	28.00	339
物理奥林匹克竞赛大题典——电磁学卷	2015－07	48.00	406
物理奥林匹克竞赛大题典——光学与近代物理卷	2014－06	28.00	345
历届中国东南地区数学奥林匹克试题集(2004～2012)	2014－06	18.00	346
历届中国西部地区数学奥林匹克试题集(2001～2012)	2014－07	18.00	347
历届中国女子数学奥林匹克试题集(2002～2012)	2014－08	18.00	348

联系地址:哈尔滨市南岗区复华四道街10号　哈尔滨工业大学出版社刘培杰数学工作室

网　　址:http://lpj.hit.edu.cn/

邮　　编:150006

联系电话:0451－86281378　　13904613167

E-mail:lpj1378@163.com